카자흐스탄 현대 9인 시선집

초원의 페이지를 넘기며

ПЕРЕЛИСТЫВАЯ СТЕПНЫЕ СТРАНИЦЫ

숭 실 대 학 교
한국문예연구소
문 예 총 서 ⑩

카자흐스탄 현대 9인 시선집

초원의 페이지를 넘기며
ПЕРЕЛИСТЫВАЯ СТЕПНЫЕ СТРАНИЦЫ

올자스 술레이메노브 외 8인 저

김 병 학 옮김

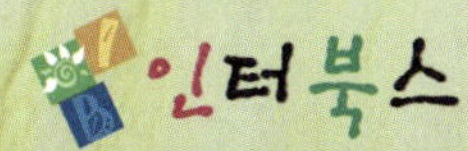

모든 시인은 본질에 있어서 유목민이다. 자연이 주는 계절의 변화에 따라 유목민이 쉼 없이 거처를 옮겨 다니듯 시인들 또한 자기만의 목마른 샘물을 찾아 보이지도 들리지도 만져지지도 않는 세계를 끊임없이 방랑하기 때문이다. 시인은 역사의 성벽에 머물지 않고 바람처럼 구름처럼 떠돌아다니며 늘 찰나의 넋으로 산다. 그런 의미에서 시인은 농경민이 아니라 유목민에 가깝다.

카자흐스탄은 중앙아시아의 대표적인 유목국가다. 거기에는 광대한 초원이 펼쳐져 있다. 가도 가도 끝없는 땅, 초원, 염지, 사막… 바로 거기서 역사 이래 무수한 민족과 종족이 흥기했다 사라졌으며 수많은 음유시인이 해와 달과 별을 찬미하고 인생의 기쁨과 슬픔, 사랑과 행복을 노래했다.

현대화의 영향으로 유목민 다수가 정착생활로 돌아가기는 했지만 아직도 유목의 전통은 끊기지 않았다. 옛 전통을 이어가는 이들이 지금도 존재한다. 초원의 꽃처럼 드문드문, 구름처럼 한적한 곳에서… 그렇게 새로운 목초지를 찾아 이동하는 현대의 희귀한 유목민 부류에는 시인도 있다. 비록 그들은 내적 본질로써만 유목민이라 할 수 있지만 오늘도 카자흐스탄의 자유로운 영혼이 되어 마음의 세계를 방랑하면서 혼과 넋으로 노래를 부른다.

이 책에, 그렇게 맑은 영혼으로 노래를 부르는 아홉 명의 유목민이 모여들었다. 이들은 현대 카자흐스탄을 대표하는 러시아어 시인들이다. 다민족국가 카자흐스탄의 명성에 걸맞게 이들은 카자흐인, 러시아인, 독일인, 고려인, 그리고 러시아 카자크인 등 다양한 민족적 색채를 드러내 보이고 있다. 그런 만큼 이들이 쓴 시에는 각기 다른 민족적, 역사적 배경에서 기인한 자신만의 독특한 고민과 문제들이 다양하게 표현되어 있다. 하지만 이들은 모두 광활한 초원에서 태어나 드넓은 평원을 보고 자랐으며 따라서 유목민의 생태와 본질을 누구보다 깊이 있게 이해하고 체험한 사람들이다. 자신들의 시에 유목적인 것이 표현되어 있든 안 되어 있든.

이 시인들이 아끼고 애송하는 대표시를 각각 10여 편씩 골라 우리말로 번역하여 원문과 함께 실어놓았다. 매 시인들의 시집을 모두 번역해 책으로 낸다면 더할 나위 없이 좋겠지만 우선 이것만으로도 카자흐스탄 러시아문학의 진수는 부족함 없이 소개되었으리라 믿는다. 이들이 진실로 카자흐스탄 러시아문학을 대표하는 만큼 이 책에 실린 시편들은 카자흐스탄 시문학의 수준을 측정하는 가늠자가 될 수 있을 것이다.

한 가지 아쉬운 점은 이 작업에 카자흐어로 시를 쓰는 시인들의 작품이 포함되지 못했다는 사실이다. 오래 전부터 강력한 러시아어의 영향 아래 놓여 모국어 소멸의 위기까지 겪은 카자흐스탄의 역사적 현실에서 옮긴이가 우선 접할 수 있었던 시편들이 주로 러시아어로 쓰인 것이었기 때문이다. 여건이 허락되면 카자흐어 시인들의 시도 우리말로 번역할 수 있기를 기대한다.

이 번역시선집에 들어갈 저자들을 고르는 일은 옮긴이의 오랜 친구인 이 스따니슬라브 시인의 추천을 받았다. 책을 흔쾌히 출간해주신 한국문예연구소 조규익 교수님과 인터북스의 하운근 사장님께 감사를 드린다. 이 책을 읽고 카자흐스탄 시문학에 대한 흥미와 이해

를 넓히는 한국의 독자들이 생겨난다면 옮긴이에게는 이보다 더 큰
보람이 없을 것이다.

2010년 11월 카자흐스탄 알마틔에서

김 병 학

1. 제목이 없는 시들은 그 시의 첫 한두 행을 제목으로 삼아 차례에
   싣고 따옴표로 표시해 주었다.

2. 이 책에 실린 이 스따니슬라브 시인의 시 16편 중 14편은 역자의
   번역으로 출판된 이 스따니슬라브의 시집 『모쁘르마을에 대한
   추억』(서울, 인터북스, 2010)에 실려 있다.

말을 타고 산골시내를 따라 ▌ 바흐트잔 까나삐야노브의 시　149

모래속에서 자라는 석류

ГРАНАТ В ПЕСКАХ

올자스 술레이메노브
Олжас СУЛЕЙМЕНОВ

카자흐스탄

나라야,
너는 카자흐스탄을 가지고 실험했구나.
오늘, 십자가로 자랄 수 없는
땅이 있어라.
타라스1)를 실험했구나.
표도르2)도 실험했구나.
페트로그라드여, 용서하라.
레닌그라드여, 내 땅을 용서하라.
카자흐스탄은 전깃줄이요,
가시줄,
이것은
사라토프와 키예프, 그리고 다시
사란스크3)였다.
이것은

---

1) 타라스(타라스 쉡첸코 Тарас Григорьевич Шевченко, 1814~1861) : 우크라이나
   를 대표하는 민족 시인이자 화가, 인문주의자. 1847~1857년에 정치적 탄압을
   받아 카자흐스탄 알마틔에서 유형살이를 했으며 그 기간에 훌륭한 작품을 많이
   써서 조국 우크라이나로 보냈다. 유형살이의 후유증으로 4년 후 쌍 뻬쩨르부르그
   에서 병사했다.
2) 표도르(표도르 도스토예프스키 Фёдор Михайлович Достоевский, 1821~1881) :
   러시아의 대문호.『죄와 벌』,『카라마조프 가의 형제들』등의 걸작을 남겼다. 진
   보적 사회운동을 하다 탄압을 받았으며 1857.2.20~1859.7.2에 카자흐스탄 북부
   세미팔라틴스크에서 유형살이를 하였다.
3) 사라토프, 키예프, 사란스크, 제즈카즈간, 알라따우, 칼루그 : 러시아, 우크라이나,
   카자흐스탄에 있는 지명들.

마르크스의 인용들,

유목, 극장 그리고 제일 좋은

갱도들,

말과 용광로들,

투륵시브4)와 그냥 시브. 그리고 더위.

나는 산에 나타날 수도 있다

그리고 카자흐인으로 안 불릴 수도

또 골짜기에서 젖소들을 방목하면서,

하얀 집에서 살 수도 있다.

어차피

나를 열차에 태워

제즈카즈간으로 데려왔을 것이다.

우크라이나여, 용서하라,

아, 인구쉬5)여, 내 땅을 용서하라!

카자흐스탄아, 너는 거대하다

다섯 개의 프랑스다

루브르와 몽마르트들 없이

네 안에 죄 많은 수도의

모든 바스티유 감옥이 들어있다.

너는 커다란 배를 타고

---

4) 투륵시브(투르크시브) : 카자흐공화국과 시베리아를 연결하는 철도의 명칭.
1929~1932년에 부설되었다. 문자적 의미로는 투르케스탄과 시베리아를 연결하
는 철도라는 뜻이다. 투르케스탄은 투르크족의 땅이라는 뜻을 가진 중앙아시아
넓은 지역을 이르는데 카자흐스탄을 비롯한 중앙아시아 5개 나라의 대부분과 중
국 서부 위구르족이 사는 지역을 포함한다.

5) 인구쉬(Ингуши) : 카프카즈 지역에 있는 체첸-인구쉬 자치공화국에 거주하는
민족 이름. 독소전쟁이 치열하게 전개되던 1943년 말 1944년 초에 소련정부로부
터 탄압을 받아 카자흐스탄으로 집단강제이주를 당했다.

자그마한 지도에서 헤엄쳤구나.
우리 카자흐인들은 이 배에서
태어났다.
우리는 시험을 치렀다
밤의 골목에서
모닥불 연기와 말발굽으로,
칼을 목에 댄 시험을
언제나 치러냈다
매수된 사람들에 의해
검은 흙은
라듐의 기쁨과
지구인력을
체험했다.
온 땅은 전깃줄과 우주비행장,
헥터와 정거장들이 되어있구나,
만일 비가 오면 그것은 소나기,
그리고 바람은
시험을 치른 사람들의
열풍이다,
나라여, 카자흐스탄인들이라 부르라.
가장 큰 실험을 당한 너의 사람들,
그 충실한 아들들을.
우리는 너만을 사랑하는 사람이다,
우리는 너를 삼키지 않고 귀중히 여긴다,
진실로
이를 악물지 않고

참지 않고
정말로 소리치기 위하여,
초원의 너비로,
알라따우 산맥의 높이로,
바다들의 깊이로!…
묘지들의 깊이로
침묵하지 않으려고.
그리고 웃는다,
땅도 풀도 부드럽다,
자유로운 키예프는 정거장에 있고,
아, 칼루그의 발라라이카[6]들,
아, 모래, 모래진흙이
바위를 흔든다,
모래진흙도,
보습 날 아래 가보고 싶어 하구나…
거친 벌판은 밭이어라!
때가 왔다.
만일 세상이 그리워하지 않는다면
너 카자흐스탄아 슬퍼하지 마라.
세상은 너로부터 시험받았다.
카자흐스탄아 용서할 수 있거든 용서하라.
그리고
만세
실험금지!

---

6) 발라라이카(Балалайка) : 소리공명통이 삼각으로 된 기타모양의 러시아 전통 3현
   악기

КАЗАХСТАН

Страна,

ты прошла испытание Казахстаном

есть сегодня земля,

на которой крестам не расти.

Испытали Тараса.

И Федора испытали.

Петроград, прости.

Ленинград, мою землю прости.

Казахстан — это провода,

проволока колючая.

Это было —

Саратов и Киев, и снова

Саранск.

Это ссылки

на Маркса,

кочевья, театры и лучшие

копи,

кони и домны,

Турксиб, просто Сиб. И жара.

Я бы мог появиться в горах

и не зваться казахом

или жить в белой хатке,

коров по оврагам пасти.

Все равно —

привезли бы меня в Джезказган

вагонзаком.

Украина, прости,

о ингуш, мою землю прости!

Казахстан, ты огромен

пять Франций —

без лувров, монмартров —

уместились в тебе все бастилии

грешных столиц.

Ты огромною каторгой

плавал на маленькой карте.

Мы, казахи, на этой каторге

родились.

Мы прошли испытание

дымом костров и копытами,

в переулках ночных —

испытание горла ножом,

навсегда испытали

вербованными

чернозем,

радость радия

и тяготенье земное

испытано.

Вся земля в проводах, космодромах,

гектарах и станциях,

если дождь — это ливень,

а ветер —

так суховей,

своих, все испытавших,

страна, назови казахстанцами.

своих самых испытанных,

преданных сыновей.

Мы — твои однолюбы,

Мы бережем, не глотая,

право —

зубы не стиснуть,

не выдержать,

право кричать

широтою степи, высотою хребтов

Алатау,

глубиною морей!..

Глубиною могил

не молчать.

И смеются у нас,

и земля, и трава мягка,

вольный Киев на станциях,

ай, балалайки Калуг,

ай, песчаный, песчаный суглинок

качает скалу,

ему тоже, песчаному,

хочется под лемеха ...

Поле дикое – Хлебное поле!

Время настало.

Если мир не тоскует –

и ты, Казахстан, не грусти.

Мир испытан тобой.

Казахстан, если можешь, прости.

И

да здравствует

запрещение испытаний!

늑대새끼들

사람이 걸어갔다,
초원을 지나 오래도록 걸었다.
어디로? 무엇 때문에?
우리는 알 수 없다.
풀 우거진 협곡에서 그는 늑대를 보았다,
정확히 말하면 암늑대를,
더 정확히 말하면 어미늑대를.

그 늑대는 쑥 덤불에 누워있었다
발을 내놓고 이를 갈면서,
늑대에게 붙잡힌 놈의 목에서
많은 피가,
진창처럼 걸쭉한 피가 흘렀다.
누구에게 물렸을까?
늑대에게 설까 아니면 사냥개들에게 설까?
눈 먼 늑대새끼들은 이것을 알 수 없다.
그들은 서로 밀치고 투덜거리며
크고 고집이 센 어미의 젖을 빨았다.
굶주린 늑대새끼들은 덤불에서,
강하게 풍기는 나도회풀 냄새를 잊었다,
그들은 상처에 달라붙어서

걸쭉하고 차가워지는 피를
게걸스럽게 빨았다.

그리고 그것과 함께
복수의 갈증이 밀려든다.
누구에게? 아무에게라도. 용서하지 않을 수만 있다면.
그리고 복수할 것이다
같이 하지 않고 따로따로,
그런데 서로 마주치면
서로가 서로에게 복수할 것이다.

그래서 사람은 가던 길을 갔다.
어디로? 무엇 때문에?
우리는 이것을 알 수 없다.
그는 늑대사냥꾼이었다, 그러나 늑대새끼들을
건드리지 않았다:
어미는 이미 제 새끼들을 지키지 않았으니까.

1961

ВОЛЧАТА

Шел человек,

шел степью долго-долго.

Куда? Зачем?

Нам это не узнать.

В густой лощине он увидел волка,

Верней — волчицу,

а точнее — мать.

Она лежала в зарослях полыни,

откинув лапы и оскалив пасть,

из горла перехваченного плыла

толчками кровь,

густая, словно грязь.

Кем?

Волком иль охотничьими псами?

Слепым волчатам это не узнать.

Они, толкаясь и ворча, сосали

большую, неподатливую мать.

Голодные волчата позабыли,

как властно пахнет в зарослях укроп,

они, прижавшись к ранам,

жадно пили

густую, холодеющую кровь.

И вместе с ней

вливалась жажда мести.

Кому? Любому. Лишь бы не простить.

И будут мстить

в отдельности, не вместе,

а встретятся —

друг другу будут мстить.

И человек пошел своей дорогой.

Куда? Зачем?

Нам это не узнать.

Он был волчатник, но волчат

не тронул:

волчат уже не защищала мать.

1961

용맹한 여자 무사

야생의 벌판에서 뽈로베쯔2) 여자를 붙잡았다.
그리고 쑥도 벌판도 파헤쳐 넘어뜨렸다.
이 일이 밤 12시에 일어났다.

승려는 영원히 후회했다:
이 습격에 참가하지 못하여.
짐승 같은 승려 놈.
<… 그러나 나는 그때와 다름없이
얼굴은 달 모양에
눈썹은 활처럼
속눈썹은 화살처럼 생겼다.
달의 섬광처럼,
얼굴마다 미소가 번진다.
사랑하는 이여, 네가 마중 나왔구나, 마중 나왔구나
나를 마중 나왔구니, 싸움이 끝난 후에.

---

1) 마리나 쯔베따예바(Марина Цветаева, 1892~1941) : 러시아의 저명한 여류시인
   이자 소설가, 번역가. 모스크바에서 출생했다. 러시아 혁명을 겪은 뒤 1922년에
   유럽(체코슬로바키아 프라하)으로 건너가 오랫동안 망명생활을 하면서 창작활동
   을 했다. 그녀는 격정과 자유분방함의 극단까지 치닫기를 좋아했으며 그러한 체
   험을 바탕으로 왕성하게 작품을 써나갔다. 그리고 1939년에 귀국하였는데 얼마
   지나지 않아 남편과 딸이 소비에트 정권에 체포되어 남편은 2년 후 총살당하고
   자신은 문단에서 외면을 받는 등 커다란 마음의 고통과 불행을 겪었다. 그녀는
   그러한 가정적 비극과 절망을 오래 견디지 못하고 스스로 생을 마감하고 말았다.
   하지만 그녀가 남긴 주옥같은 시편들은 20세기 러시아 시문학에서 '마법의 눈물'
   로 불리며 널리 사랑받고 있다.
2) 뽈로베쯔인(половцы) : 11~13세기에 남러시아를 누비고 다닌 터키족

임신했다,

나는 수많은 아낙네가 되어 임신했다,

사랑이란 – 숨을 내쉬고 또 내쉬는 것,

더 자주라면 숨을 들이쉬는 것,

동시에 내 안에는 –

소심한 암콩작새 같은 처녀들과,

경험 많은 아내들과 경험 없는 과부들이 들어있다.

시집보내지 마라!

아버지의 분노를 두려워하지 않으며,

너의 어깨에 손을 얹는다,

가까이에 있는 창백하고,

땀이 나는,

고개 숙인 얼굴로,

하늘을 보듯 누워서 쳐다본다,

친애하는 이여, 시집을 보내지 마라!…

그리고

백여 명의 목소리처럼 크고 강한,

아픔! …

… 승려는 화를 내기 시작한다.

<거룩한 깃발을 구겨라! …>

연대기의 규정은 낙서로 얼룩져 있고

압박은 약해졌다.

그러나 넘어뜨리기 전에 짓밟아놓고 사랑을 줄 것이다,

베어죽일 것이다,

오랫동안 힘들게

야로슬라브나3)들이 밤에 소리를 지를 것이다.

---

3) 야로슬라브나 : 야로슬라브나의 애가(哀歌)(Плач Ярославны)를 부른 여인 이름.

친애하는 이여, 시집을 보내지 마라!
허락한 이상 강간하라.
내 목을 누르라,
목이 쉬도록
바로 그렇게 거세게,
세기의 틈사이로 들여다보라,
거세된 승려여,
연대기 기록자여, 보라,
잘못을 저질러 나는 행복하도다!
....

나는 벌판을 걸어가고 있었다,
몸을 숙이면서, 못된 말도 하면서,
나는 메마른 이빨을 용서하며,
너에게 입 맞추었다.
그리고 알았다 —
나를
연대기 기록자들이 이 싸움을 용서하지 않으리라는 것을,
벌써 시인들이
깃대 펜을 높이 들었고,
깃펜은 이미 글줄로 써내려간다,
채찍처럼,
약한 종족을
애무로 영원히 인장 찍으려고>.

이는 12세기에 러시아에서 무명의 저자가 지은 서사시 『이고레브의 전쟁출정에 대한 이야기(Слово о полку Игореве)』에서 유래한다. 러시아의 공작 이고리(Игорь)란 사람이 자국의 안위를 위협하는 볼가강 너머 뽈로베쯔인들을 무찌르고자 자기 휘하의 군인들을 이끌고 전투에 나갔다가 그들의 포로가 되었는데 그 소식을 들은 그의 아내 야로슬라브나가 날마다 성벽에 올라가 슬피 울면서 남편을 그리는 내용의 이야기다. 야로슬라브나의 애가는 러시아문학의 기념비적 출발이며 충실성과 사랑을 상징한다.

АМАЗОНКА

Памяти Марины Цветаевой

В Диком поле половчанку полонили

и в полынь, раскинув полы, повалили.

Это было в полночь.

Пожалел монах навеки:

не пришлось быть в сим набеге.

Сволочь.

«... Но я, как водилось тогда —

лунолика,

и брови, как луки,

ресницы, как стрелы.

Улыбки блуждают по лицам,

как лунные блики.

Любимый, ты встретил, ты встретил

меня после битвы.

Беременная,

я беременна многими бабами,

любовь — это выдохи, выдохи,

чаще вдохов,

во мне одновременно —

робкие девицы-павы,

и жены бывалые, и небывалые вдовы.

Не выдай!

Ладони кладем, не боясь отцовского гнева,

на плечи твои,

ложимся и смотрим, как в небо,

в лицо наклоненное,

близкое, бледное,

потное,

не выдай, роди-и-мый!..

И —

боль,

стоголосая, полная!..

... Монах распаляется.

«Комкай святые хоругви! ..»

Размазан устав летописный —

нажим ослаблен.

Но прежде чем свалят, затопчут, залюбят,

зарубят,

протяжно и тяжко

в ночах прокричат ярославны.

Не выдай, роди-и-мый!

Насилуй, пока разрешила.

Сдави мою глотку,

да так, чтобы в горле

першило,

подглядывай в щели веков,

оскопленный монах,

гляди, летописец, —

я счастлива, что согрешила!

. . . .

Я по полю шла,

наклонялась, ругалась словами,

я в зубы сухие, прощая,

тебя целовала.

И знала —

что мне

не простят летописцы побоище это,

уже поднимают гусиные перья

поэты,

уже опускаются перья на строки,

как плети,

чтоб лаской навек заклеймить

мое слабое племя».

파미르 산에는 천천히 홍수가 난다
커다란 검은 구름이
층층이
느릿느릿 내려온다,
뜨겁고 갈라진 바위들의
축축한 배로 주름을 펴면서.
검은 구름들이 걸어서
산을 지나간다.
소나기의 애정을 받은 산맥들이 썩는다,
그리고 자존심 강한 것들,
모래가 되어 내려앉는다.
안개에서 끈적끈적하고
젖은 털의 냄새가 난다.
별로 오래지 않은 고대 러시아 영웅서사시를
카라쿰2)의 모래언덕들은 믿지 않는다.
기사르3) 묘지 쪽에
트무타라칸4) 망루의 모습이 아직 살아있다.

---

1) 미르조 뚜르쑨-자데(Мирзо Турсун-заде, 1911~1977) : 소비에트시대 타지키스
   탄의 저명한 시인. 타지키스탄 인민시인. 레닌상 및 스탈린상 수상자. 그는 러시
   아어와 타지크어로 작품을 썼다.
2) 카라쿰(каракумы) : 투르크메니스탄 영토의 대부분과 카자흐스탄 서부의 일부에
   걸쳐있는 사막
3) 기사르(Гиссар) : 타지키스탄에 있는 작은 도시
4) 트무타라칸(Тмутаракань) : 러시아 흑해연안에 있는 오래된 도시

무너진 창공에서 구름들이 사라진다.
하나는
버려진 모래 위에 서있다,
마지막 젖 한 방울밖에 없는
어머니 가슴의
젖가슴처럼
젖꼭지가 말랐다
모래들은 침묵을 지킨다. 부스러진 화강석,
내가 줄 수 있는 것은 다 준다,
서늘한 공기를 가져가라…
저주를 받은 것처럼,
비록 내 그림자 힘이 없을지라도,
그러나 사막아, 이 그림자를 보존하라.
나는, 안개의 회색조각,
너의 하늘이다
파란 색아, 역겨운 광대함이 왜 네게 필요하냐?
내가 떠나거든, 나의 사막아, 말해다오
<사막은 내가 구름이 되지
않았던 곳이라고.
나의 그림자가 보이지 않은 곳이라고>

1967

В горах Памира медленный потоп —

сползает

туча тучная

каскадом,

разглаживая влажным животом

горячие растресканные скалы.

Проходят тучи по горам

пешком.

Гниют хребты, обласканные ливнем,

и оседают, гордые,

песком.

Туманы пахнут,

мокрой шерстью, липкой.

Не верят каракумские барханы

былинам недалекой старины.

Жив облик башенной Тмутаракани

в могильниках гиссарской стороны.

С высот разрушенных уплыли облака.

Одно

стоит над брошенным песком,

как грудь

с последней каплей молока.

Грудь материнская

с сухим соском.

Пески молчат. Размолотый гранит,

все, что могу, даю,

возьми прохладу…

Пусть тень моя бессильна,

как проклятье,

но эту тень, пустыня, сохрани.

Я, серый клок тумана, —

твое небо!

Что синь тебе, безбрежие постылое?

Когда уйду, скажи, моя пустыня:

«Пустыни там, где облаком

он не был.

Где не упала его тень».

1967

이 촌락은 무엇에 대한 것인가?
사랑에 대한 것이다.
끝없는 하늘 아래
영원한 삶에 대한 것이다.
서두르지 않는 저녁노을아, 나를 부르라
아직 가보지 못한
그 사색 속으로.
봄 갈가마귀?
아니면 가을 거위?
나의 날개는 세상의 절반을 흔들었고
림포포강1)에도,
세일론 나뭇잎의
달콤한 바람에도 깃을 적셨다.
이 길은 무엇에 대한 것인가?
만일 옳다면
자존심 강한 이들에게는 자존심 강하게 행동하라:
그는 예언자의 아버지가 아니다,
소심한 이들에게는 소심해져라:
그는 너의 노예가 아니다.
나는 언제나 이렇게 행동했다, 맹세한다, 이 길아.

---

1) 림포포강 : 남동아프리카를 흐르는 강

모든 이에게는 아니지만, 기다리는 사람은 도와주었다,

나는 신이 아니지 않은가.

외로운 시인이 무엇을 할 수 있겠는가?

모든 물음의 답을 찾지는 못했다,

그러나 사람들을 속이지는 않았다,

그리 할 수는 있었지만…

1985

Маме

О чем этот поселок?

О любви.

О вечной жизни

под просторным небом.

Неспешная закатность, позови

меня в раздумья те,

где еще не был.

Весенний грач?

Или осенний гусь?

Мое крыло полмира отмахало,

и в реку Лимпопо перо макало,

и в пряный ветер

из цейлонских кущ.

О чем эта дорога?

Если прав,

будь с гордым горд:

он не отец пророка,

будь с робким робок:

он тебе не раб.

Я так и поступал, клянусь, дорога.

Не всем, кто ждал, помог,

ведь я не бог.

Что в силах одинокого поэта?

На все вопросы не нашел ответа,

но людям я не лгал,

хотя и мог…

1985

모래 속에서 자라는 석류

투명하고 단단한 석류의 빨간 뇌수.
관목 숲에는 커다란 열매들.
라틴어처럼 즐겁지 않은 사막에서
관목이 타지크의 풀숲으로 빨개진다.
그리고 나는 그 아래 앉아 흑인보다 더 검어져,
천 년의 정적 속에서 가슴을 쓰다듬는다,
아마도 나는 무너지지 않은 메르브1)에서
걸어오다 여기에 앉아 쉬었으리라.
석류는 따서 팔 수 있다,
석류는 다시 자랄 수 있다.
네토2)의 다리와 아주 비슷하게,
가느다란 목에 달린 100개의 작은 머리들,
갑자기 하늘에 못 박힌 듯,
신경질 내는 100개의 빨간 머리들.
적도의 가죽 띠로 지구가 졸라 매여 있구나,
누군가에게는 가는 허리에 맞고,
누군가에게는 가슴에, 어깨 등에 맞고,

---

1) 메르브(Мерв) : 우크라이나에 있는 촌락 이름
2) 네토(아고스티노 네토. Agostinho Neto, 1922~1979) : 시인. 의사. 앙골라인민
   해방운동의 지도자. 1975년 11월 11일 그동안 식민 지배를 받던 포르투갈로부터
   독립을 선언하고 앙골라인민공화국 초대대통령이 되었다. 친소련 정책을 펼쳤으
   며 1979년 9월에 모스크바에서 사망했다.

그러나 여기에는 목을 졸라 맨 좁은 가죽 띠,
모래, 또 모래 - 마치 모든 열성분자들이
빈 모래를
전 세기에 걸쳐 여기로 열심히 가져온 듯…
나는 빨간 즙을 쓰다듬는다,
사막을 돌아다니느라 쇠약해진 나는,
석류꽃에
반항하지 않는다, 저항하지 않는다,
팽팽한 알들에서
즙이 짜였다,
그리고 열매 깊숙한 곳에
즙이 되어 버려진 그늘이 숨겨져 있다.
숨기지 않겠다, 언어의 서늘함에서 홀로 있음이
정말 좋다는 것을!
투르케스탄 촌락은 자기 일을 보느라 바쁘다,
촌락은 바보들의 말을 듣지 않고 기름밥을 끓인다,
바보들은 제 말을 제가 엿듣는다.

ГРАНАТ В ПЕСКАХ

Прозрачный, твердый красный мозг граната.

На кустике — громадные плоды.

В пустыне невеселой, как латынь,

краснеет куст таджикским рубаятом.

И я под ним сижу чернее негра

в тиши тысячелетий, глажу грудь,

наверно, здесь я сел бы отдохнуть,

идя из неразрушенного Мерва.

Гранаты можно срезать и продать,

гранаты могут вырасти опять.

Сто маленьких голов на тонкой шее,

похожей более на ногу Нетто,

сто алых раздражающих голов,

забитых в неожиданное небо.

Ремнем экватора затянут шар,

кому-то он прошел по узкой талии,

кому-то по груди, по плечи и так далее,

а здесь по горлу узкий поясок,

песок, песок — как будто все старатели

за все века несли сюда старательно

пустой песок...

Я глажу алый сок,

я, истощенный актами пустыни,

не протестую, не сопротивляюсь

цветам граната,

зернами тугими

спрессован сок,

а в глубине плода

таится тень, отброшенная соком...

Не скрою, одному в прохладе слов

так хорошо!

Кишлак собою занят,

он варит плов, не слушая ослов,

ослы себя подслушивают сами.

땀

무대다.

객석의 열들이 부채처럼 흔들린다,

무대 위에서는 이 더위에 장식용 전구들이 타고 있다;

관현악단의 바이올린 연주자는

제 바이올린 소리를 듣지 못 한다;

그리고 마치 머리 숙여 인사하듯

사자들이 뛰나온다.

그들은 객석을 보지 않는다,

그들은 알고 있다,

관객들이 자기들을 무서워하지 않는다는 것을,

그들은 무관심하다.

코를 히힝거리는 말들이 그들에게,

안장을 내민다,

아름다운 말들이

땀으로 향수를 뿌렸다.

사자들이 얼굴을 찡그리며 숨을 들이쉰다.

조용한 발들이

명주처럼 매끈하고,

흥분된 고기 위에 놓여있다,

그리고 전등은 열대 초원의 태양으로

보이지 않는다,

그리고 다음
감동받은 관객으로부터
열광의 박수가 터진다.
조련사는
짐승들에게 만족한다.
그들은 도망친다
자기들의 순서가 끝났으니,
그들에게는 명예가 필요 없다 –
그들은 밤을 원한다,
그들은 잠에 빠져든다,
마치 자유를 찾은 듯이.
그들은 땀 냄새로부터 도망치지만,
허나 땀은 따뜻하고 거칠게
그들을 따라다닌다.
그리고 우리에서는
쓸쓸한 일이 끝난 후
잠든
사자들이 조용히 으르렁거린다,
물렁물렁한 이를 갈며.

ПОТ

Арена.

Ряды веерами колышут,

в жаре над ареной парят лампионы;

в оркестре скрипач

своей скрипки не слышит;

и львы выбегают,

как будто в поклоне.

Они не глядят на ряды,

они знают,

что их не боятся,

они равнодушны.

Им лошади седла, храпя,

подставляют,

Красивые лошади

потом надушены.

Львы, морщась, вдыхают.

Спокойные лапы

лежат на атласном,

взволнованном мясе,

и солнцем саванны

не кажутся лампы,

и потом разит

от восторженной массы.

Овации.

Мастер

зверями доволен.

Они убегают

их номер окончен,

им не до славы —

им в ночи хочется,

они в сны уходят,

как бы на волю.

Они убегают от запаха пота,

но пот их преследует,

теплый и грубый.

А в клетках,

заснув после

грустной работы,

львы глухо рычат, скаля

рыхлые зубы.

질투

가장 많이 지친 강만이 언젠가는 바다로 흘러들 것이다.
_ 스윈번[1] _

사람이 배에서 떨어졌다,
그냥
그냥도 아니고 –
그는 갑판에서 물로 씻겨나갔는가?
아마 그런가 보다.
그래서 그는 지금 소금물에서
사흘이나 흘러 다니고 있다.
그래, 지금 물이 짜니?
언제나 그랬듯이.

그는 헤엄을 친다,
물고기처럼 생겨난 지느러미로.
그는 개헤엄을 치다가,
평영으로 바꾸기도 한다,
그런데 그 위를 날며 아침부터 비웃던
신천옹,
찌그러진 날개로
웃음을 흔들어 뿌렸다.
그리고 어두워지자마자,

---

1) 스윈번(Algernon Charles Swinburne, 1837~1909) : 영국의 시인

자기가 사는 벼랑으로 날아갔다,
제 동료들에게 말해주고,
눈물이 나도록 웃으려고.
1초라도 일어나
그 높이에서 바라보라:
대양은 - 인색하고,
거대한 구조물은 -
너다.
과연 이것 하나가
웃기지 않느냐, 선원아?
그리고 또 이해하라 -
담요처럼 줄이 나고,
강한 평영으로
기어간다
카이로에서 마드라스2)로.
그래서 신천옹이
있는 힘을 써서 배때기를 찢었다.
힘을 아끼지 않고 물을 끼얹는다,
너는 기록을 세우며,
더 힘이
들었다,
제기랄, 선원들을 알려무나.
제기랄, 물이 모자란다 -
너는 벽으로 날아가는구나.

---

2) 마드라스 : 인도 타밀나두 주도 첸나이의 옛 이름

평범한 정적을 너는
어쩔 수 없이 개헤엄으로 깨뜨리는구나.
다만 프로펠러의 정지를
갑자기 듣지 않을 수만 있다면,
그러지 않으면 목청껏
흔들릴 것이다.
준비됐다.
… 나흘째 되는 날 생각했다 –
불행이 왔다고.
끝이 없는 물,
위 안에도 물이다.
그러니 무엇 하러 애쓰겠느냐,
그냥 바다 밑으로 가라앉자!
뭍까지 못 간다 –
그럴 운명이 아니다.

뭍은 거기
깊은 물 아래에도 있다.
물이 놔주지 않을 것이다,
네게 말한다, 멈추어라.
자, 우리 자맥질 해보자
누가 더 깊이 들어가는지,
해 볼까?
… 그가 대답하기를 –
접영으로!
그런 자는 마지막까지 헤엄쳐 갈 것이다.

ЗАВИСТЬ

Лишь самая усталая река
когда-то вольется в море.
                                    Суинберн

Человек за бортом,

просто так

и не так —

его с палубы смыло?

Наверное, да.

И теперь он в рассоле

трое суток плывет.

Что, соленая нынче вода?

Как всегда.

Он плывет,

плавниками, как рыба, оброс.

Он то кролем идет,

то меняет на брасс,

а над ним измывался с утра

альбатрос,

кривыми крылами

от хохота тряс.

Улетел, как стемнело,

к себе на утес,

초원의 페이지를 넘기며

доложить своим тезкам,

изоржаться до слез.

Поднимись на секунду

взгляни с высоты:

океанище — скудный,

громадина —

ты.

Разве это одно

не смешно, матрос?

И к тому же, пойми, —

полосат, как матрац,

мощным брассом

ползешь

из Каира в Мадрас.

Потому надрывал

живот альбатрос.

Шпаришь, сил не жалея,

идешь на рекорд,

было

потяжелее,

мол, знай моряков.

Мол, воды не хватает —

на стенку летишь.

Кроешь кролем фатально

банальную тишь.

Лишь бы вдруг не услышать

остановку винтов,

а не то закольшет

до крика.

Готов.

... На четвертые сутки подумал —

беда.

Бесконечна вода,

и в желудке — вода.

Так зачем же стараться,

давай-ка на дно!

до земли не добраться —

не суждено.

А земля есть и там

глубоко под водой.

Не отпустит вода,

говорю тебе, стой.

Ну, давай, поныряем

кто глубже,

идет?

...Он в ответ —

баттерфляем!..

Такой доплывет.

신과의 만남

어디서 말할 수 있는가?
배고픔과 바람에 대하여.
어디서 바퀴에 구멍을 낼 수 있겠는가?
매 킬로미터마다
천년 신앙의 유리조각들로,
예를 들면 인도에서.

… 델리의 거리에서 야윈 소가 헤맨다.
빨갛고 더러운 댕기가
왼쪽 뿔에 드리워져 있다.
거리는 온통 하얀 콘크리트 –
풀 한 포기 없다,
대로가 누워있다
긴 홑이불처럼 –
사람 하나 아기 하나 없다.
너무나 더워서.
소가 이상한 신문을 씹는다
<타임스 오프 인디아>.
우리들의 시와 초상들.
로마와 미라.1)

---

1) 로마와 미라(Римма и Мирра) : 로마는 옛 로마제국의 수도 로마로서 완전한 도
   시 또는 영원한 도시라는 뜻을 갖고 있으며 미라는 고대 그리스 리키아의 수도로

거울처럼 - 나는 그들 사이에서,
신에서 기원한 그때로부터 지금까지
이름 난 축산가들의 손자.
암갈색 소는 격동하는 소식을
힘겹게 삼킨다,
눈물 글썽한 눈으로
인상을 찌푸리고 쳐다본다:
<정말로 온 것이 아니냐?>
보인다, 교활한 놈이 믿지 않는 것이, -
이성을 지나
사건이 위속으로 기어든다.
소는 간선도로를 꺾어서
변소들을 지나,
뿔로 울타리를 밀어,
버려진 마당에 들어선다.
시든 두 개의 장미는 -
신문에 치는 자극적인 양념이 된다,
이건 경험 있는 아낙네들에게 보증수표 선물.
갑자기: <도둑이야!>
주인이 잠에서 깼다, 그만!
소야 나가거라.
바지 속옷들이 보인다,
발톱을 찢고 건강하여라!
너를 밀어낸다 - 소야, 어서 가라,
볼일을 다 보지 않았느냐,

서 향기 나는 수지(樹脂)라는 뜻과 대모신(大母神)의 거처라는 뜻을 갖고 있다.

내가 그들을 잡아두겠다, 발길질을 못하게 하겠다 ―
아마 새끼를 뱄는지 모르니까.
소의 배에 발길질 하는 것은
시인에게 발길질 하는 것과 한 가지가 아니던가!
이지다 여신[2]은 소를 사랑하라고 하였다.
두려워 마라, 우리 뒤에는 이집트가
아카드와 히타이드와 함께 있으니.
대로로 뛰라!
또 만나자!
신문을 살펴보라.

---

2) 이지다 여신 : 고대 이집트와 유럽에서 받들었던 여신 중 하나

ВСТРЕЧА С БОЖЕСТВОМ

Где можно говорить

о голоде и ветре?

Где — шину проколоть

на каждом километре

осколками тысячелетних вер?

В Индии, например.

... По улицам Дели бродит худая корова.

Красная, грязная лента

свисает с левого рога.

Белым бетоном залита улица —

ни травинки,

лежит на спине проспект

как длинная простыня —

ни души, ни кровинки.

Жара потому что.

Корова жует страницу газеты

«Таймс оф Индиа».

Наши стихи и портреты.

Римма и Мирра.

Как зеркало — я между ними,

внук скотоводов известных

от Оно до ныне.

Буренка с трудом поглощает

волнующее известие,

набычившись, смотрит

влажным воловьим глазом:

«Неужто приехал?»

Вижу, не верит, бестия, —

событие лезет в желудок,

минуя разум.

Корова, свернув с магистрали,

минуя клозеты,

ткнув рогом калитку,

вступает в запущенный дворик.

Две чахлые розы —

пикантной приправой к газете,

галантный подарок пожеванным дамам.

Вдруг: «Воры!»

Хозяин проснулся, атанда!

Смывайся, корова.

Мелькают кальсоны,

рви когти и будь здорова!

Толкаю — иди же, корова,

ведь дело сделано,

я их задержу, не позволю пинать —

может, стельная.

Ногами – в живот,

все равно, что поэтов бить!

Богиня Изида коров завещала любить.

Не бойся, за нами Египет

с Аккадом и Хеттами.

Беги по проспекту!

До встречи!

Следи за газетами.

기억하십니까, 걱정하시는 어머니여,
나의 처음 옛 이야기들을?
… 그랬었지요 – 나는 가을에
저주스러운 소년으로 남아있었지요!
학교에서 당신에게 이리 말해주지 않았던가요:
<아이에게 책을 읽게 해 주십시오>라고.
기억하십니까, 내 생애 처음 책을
당신이 가져왔던 것을.
그렇게 시작되었지요.
당신은 무릎 위에 바느질감과
보기 좋게 생긴 긴 반죽밀대를 올려놓고
문 옆의 의자에 여러 시간을 앉아 있고
나는 책을 읽으려고 애를 씁니다.
친구들은 다 소년야영장에 가서,
산과 강을 드나들고
바위들을 올라다닙니다 …
아, 옛날이야기, 아득한 옛 이야기.
어머니는 사흘 동안 문 옆에 앉아계시면서,
바느질도 하고 밥도 먹여주고,
어린 여동생들도 달래주시는데,
빠른 말을 타고 질주하는 청년들에 대한 이야기를
나는 띄엄띄엄 겨우 읽어나갔지요
처음에는 노래하듯, 그리고 다음엔 소리를 내서 –
옛 이야기들의 목소리는 쟁쟁하게 울렸습니다.
… 1년 후 베개 밑에

나는 노획한 랜턴을 감추곤 했습니다
그리고 잠자리에 누울 때마다 두툼한 이불을
머리까지 올려 쓰곤 했습니다,
나는 책장에 꽂혀있는 책을 전부 다 읽었습니다 –
시집들도, 사전들도,
그리고 하루는 어머니께서
<자본론>을 읽고 있는 나를 발견하셨지요.
나는 책들의 바다에서 허우적거렸습니다,
어머니는 내게 소리를 치곤 하셨습니다: <야,
그리 많은 책을 읽어도 되는 것이냐!
책보다 눈이 더 소중하지 않느냐!>
선하신 나의 어머니, 친애하는 어머니여,
기억하십시오 –
고집 센 소년이
당신의 말을 듣고
눈이 뜨이고 또 뜨였음을.

Помнишь первые сказки мои,

беспокойная мать?

... Так случилось — остался на осень

проклятый мальчишка!

Тебе в школе сказали:

«Заставьте ребенка читать».

Помнишь, ты принесла

мою самую первую книжку.

Началось.

Ты часами сидела на стуле в дверях,

на коленях шитье

и хорошая длинная скалка,

я пытаюсь читать.

Все друзья в пионерлагерях,

лезут в горные реки,

карабкаются на скалы ...

Сказки, сказки.

Три дня моя мама сидела в дверях,

успевая обшить, покормить,

убаюкать сестренок,

я читал по складам

про джигитов на быстрых конях

нараспев, а потом и крича —

голос сказок был звонок.

... Через год под подушкой

я прятал трофейный фонарь

и, ложась, с головой укрывался

густым одеялом,

я читал все, что было в шкафу —

и стихи, и словарь,

а однажды мамаша

поймала меня с «Капиталом».

В море книг я барахтался,

мама кричала: «Ой-бай,

разве можно так много!

Глаза ведь дороже, чем книжка!»

Моя добрая мама, родная моя,

Вспоминай —

прозревал, прозревал

твой послушный,

упрямый мальчишка.

어린 시절, 정원들, 무더위 …

그래, 아마 내 나이 여덟 살 때였으리라.
어린 시절, 여름, 먼 후방,
집, 쌍마차들 꽝 부딪히는 소리 삐걱거리는 소리,
무더위, 먼지로 둘러싸인 정원들.
그리고 우리 집 마당에 사는 명랑한 여인,
그녀를 셋방살이 여인이라고
할아버지는 그렇게 불렀지.
내 볼은 아침부터 빨개지곤 했었지.
정말, 내 나이 겨우 여덟 살 때였다.

나는 그녀가 미소를 지을 때마다 웃곤 하였지,
뜻도 모르는 말을 지껄이곤 하였지:
그리고 그녀가 냇가에서 세수를 할 때에는,
관목 사이로 엿보는 소년들을 내쫓곤 했었고.

모든 것이 – 오래전 일이다,
그러나 지금 내게 떠오른다:
밤, 덧창 없는 흙벽돌집,
나는 명랑한 그녀의 창문 아래
거칠거칠한 벽에 기대어 서있었다.

그녀의 남자가 전쟁에서 돌아왔다 —
나는 그것을 이해했다,
헌데 그녀가 그에게 안겨 있지 않던가,
저주스러운 그는 그녀를 팔에 안아 올리더니,
그녀에게 입을 맞추었고.
난 몰랐었다, 왜 내 손이 떨리는지를,
창문 밖은 조용하고 어두웠는데,
울음소리와 귓속말…
아, 어찌 내가 참을 수 있었던가!
그래 창문에 돌을 던져버렸지,
그리고 누군가가 나왔지:
— 너냐? —
나는 그녀의 눈을 바라보았다,
꿈속에서처럼 소리를 치고 싶었다,
그래서 나는 이웃집 불구자처럼
말했지:
— 너는 네 엄마를 꼭 닮았어…
그러자 그녀는 제 남자를 밀쳐냈지: — 비켜줘요,
이 소년은 나쓰라 할아버지의 손자예요, —
그러더니 푸근하고 열린 가슴으로 나를 껴안아주었지:
— 아, 조그맣고 어리석은 나의 친구야.
나는 뛰쳐나갔다,
지붕에 올라가
할아버지의 헤진 주단에 누웠다,
어찌 하면 나는 하룻밤 사이에 어른이 될 수 있을까! …

강한 사람이 될 수 있을까! … 그럼 난 그녀의 수치를
씻어줄 수 있었을 텐데.
… 아니다, 어린 시절은 잊히지 않았다,
시간이 빠르게 흘러가도
너 때문에 내가 힘들 때가 있다,
이웃 소년이
이별하지 않은 어린애 애수의 눈길로
우리를 볼 때에는.
그는 서있다,
하얗게 칠한 벽에 기대어,
눈이 까맣고, 우울하고, 화가 난 소년이.
그는 자신의 첫 질투를 너에게 줄 것이다,
나의 어린 시절,

     정원들,

  무더위.

1960

ДЕТСТВО, САДЫ, ЗНОЙ ...

Да, мне было, наверное, восемь лет.

Детство, лето, далекий тыл,

домик, грохот и скрип пароконных телег,

зной, сады, погруженные в пыль.

И веселая женщина в нашем дворе,

квартирантка,

так звал ее дед.

Мои щеки с утра начинали гореть.

Нет, мне было все восемь лет.

Я смеялся, когда улыбалась она,

я болтал: еще не было слов,

и, когда у ручья умывалась она,

я мальчишек гонял из кустов.

Все — давно,

но сейчас вспоминается мне:

ночь, саманный без ставень дом,

я стоял, прислонившись к шершавой стене,

под веселым ее окном.

Он вернулся с войны —

это я понимал,

но она обнималась с ним,

он, проклятый, ее на руках поднимал,

и она целовалась с ним.

Я не знал, почему мои руки дрожат,

за окном тишина, темно,

всхлип и шепот...

Э, как тут себя удержать!

Я ударил камнем в окно.

Кто-то выбежал:

— Ты?

Я смотрел ей в глаза,

как во сне мне хотелось кричать,

и тогда, как сосед-инвалид,

я сказал:

— А пошла-ка ты, так твою мать ...

И она оттолкнула того: — Уйди,

это деда Насыра внук, —

и прижала к распахнутой мягкой груди:

— Ах, мой маленький, глупый друг.

Я рванулся,

забрался на крышу и лег

на потертый дедов ковер,

как мне вырасти за ночь!..

Стать сильным!.. Я б смог

отплатить за ее позор.

...Детство, нет, не забыто,

пусть время летит,

но мне трудно бывает с тобой,

когда мальчик соседский

на нас поглядит

с непрощающей детской тоской.

Он стоит, прислонившись

к беленой стене,

черноглазый, угрюмый, злой.

Свою первую ревность отдаст он тебе,

свое детство,

       сады,

    зной.

1960

더위

아, 이 얼마나 아름다운 여인인가,
어찌 이리도 고운 여인이 손을 벌리고,
먼지 많은 사과나무 아래서 자고 있는가,
물이 졸졸 소리를 낸다,
구겨진 토끼풀에
배부른 꿀벌이 잉잉거린다,
태양의 흑점들이
가슴에서 헤맨다.
나는 말을 타고 조용히 관계수로를 지나간다,
아, 이 얼마나 멋있는 여인인가,
머리채는 땅에 뉘어있고…
늙은 말도 부끄러워
다른 방향으로 머리를 돌린다.
태양의 흑점들이
손바닥만큼 커진다.

1960

ЖАРА

Ах, какая женщина,

руки раскидав,

спит под пыльной яблоней,

чуть журчит вода,

в клевере измятом

сытый шмель гудит,

солнечные пятна

бродят по груди.

Вдоль арыка тихо еду я в седле,

ай, какая женщина,

косы по земле...

В сторону смущенно

смотрит старый конь.

Солнечные пятна

шириной в ладонь.

1960

나는 보았다,
백조가 남쪽으로 날아가는 것을 –
강어귀에서 편안히 살아보자고,
파견 가듯 떠나갔다,
떠나갔다, 까마귀 목장으로부터,
　　　　　　　　　　눈보라로부터.

그리고 호수가 다 메말라버린,
봄에 백조는 돌아왔다.
… 나의 새들은 벌거벗은 점토지대에서 산다,
밤마다 큰 소리로 외친다!
그들은 수치스러워 싸움질하고 운다! …
헌데 근처에서는
다른 호수들이 빛난다.
그러나 백조는 – 자존심과 고집이,
개처럼 세구나,
그들은 타타르 산양과,
들개의 운명을 믿고,
육지를 방랑하며 울 것이다 …
나는 너희들을 이해한다,
너희들을 떠나지 않을 것이다.
그리고 산 너머, 무릎까지 내린 비속에서
목까지 올라오는 진펄에서
몸이 언 사람들은
내 희망의 하얀 불길이 녹여줄 것이다.

걸어 다니라,
그러나 걷되 날개를 흔들라,
우리에게 자존심을 불어넣으라.

1961

Я видел,

как лебедь подался на юг —

зажить на лиманах,

ушел, как на высылку,

от пастбищ вороньих уехал,

от вьюг.

Вернулся весной,

когда озеро высохло.

…Живут мои птицы на голом такыре,

ночами кричат голосами такими!

Дерутся и плачут они от позора!..

А рядом сверкают

чужие озера.

Но лебедь, он — горд и упрям,

как собака,

он посуху будет скитаться и плакать,

поверит в сайгака,

в шакалью судьбину...

Я вас понимаю,

я вас не покину.

А тех, кто озяб за горами-долами

в дождях по колено,

в болотах по горло,

согреет надежд моих белое пламя.

Ходите пешком,

но машите крылами,

машите крылами,

вселяйте в нас гордость.

1961

시인 박물관

МУЗЕЙ ПОЭТА

예브게니 꾸르다꼬브
Евгений КУРДАКОВ

세툰 강[1]

은 버들 언덕 위
겨울날이 모호하게 서성이는 곳,
물 흐르듯 홍방울새들
언 공기 속을 날아가네.

짝수와 홀수가 연이어 흐르네,
12월의 우주에서.
쓸쓸한 시간이 계산되고
해도 날도 전설이 되어라.

… 잘 가라 은 버들 언덕아
강물아 그리고 시인의 집아
그 집에선 모든 것이 날아가지만
이 새들마은 움직이질 않는 곳

잘 가라 슬픈 박자의 사랑아,
꿈과 날들을 낱낱이 셀 수 있고
숨조차 쉴 수 없는
짝수와 홀수의 인생아.

1991

---

1) 세툰 강(Сетунь) : 모스크바 서쪽을 흐르는 강으로 모스크바 강의 가장 큰 지류다.

СЕТУНЬ

Там, над вершинами ракит,

Где зимний день нечеток,

В морозном воздухе летит

Струясь, волна чечеток.

Чет-нечет, длится и течет

В декабрьском мирозданье

Глухого времени отсчет,

И дней — и лет — преданье.

...Прощай, высокий край ракит,

Река и дом поэта,

Где все летит — не улетит

Сквозная стая эта.

Прощай, любви печальный счет

И жизни чет-и-нечет,

Где сны и дни наперечет

И отдышаться нечем.

1991

시인 박물관

국가마을에 국가별장이 서 있네.
박물관 명패를 달고… 30년 전
여기서 한 유명한 시인이 살았지. 시골길도
시내도 정원도 그를 잊지 못했지

수양버들도 그를 못 잊었지, 그리고
고요한 물 위에서 멀리 보이는 예배당도.
그는 시골 공동묘지에 참을성 있게
오늘도 땅을 덮고 누워있구나.

시골할머니들은 아직도 그를 기억하는구나,
젊은 시절 그가 살던 언덕 위의 집과
그가 다니던, 황야에 있는
작은 정거장에 선 이 나무들도

---

1) 보리스 파스테르나크(Борис Леонидович Пастернак, 1890~1960) : 소련의 저명한 유대인 시인, 소설가. 모스크바에서 태어났다. 그가 1945년부터 1955년까지 10여 년에 걸쳐 구상하고 쓴 소설 『닥터 지바고』는 러시아 소설문학의 백미로 평가되고 있다. 그는 1958년 노벨문학상 수상자로 결정되었으나 소련국내의 정치적 이유로 수상을 거절했다. 한편 이 시의 저자는 1992년 딸에게 보낸 편지에서 이 시를 파스테르나크뿐만 아니라 모든 현대 러시아 시인과 예술가들을 생각하며 썼다고 밝히고 있다.

버려진 이 공원도 틀림없이
비 맞는 그의 그림자를 알아보리라,
그곳의 까마귀들도 쉰 목소리로
이렇게 늪에서 그를 반겨 주리라…

느리기만 한 러시아의 제도와 생활에서,
노동과 정적에서, 외부의 충격 없이
중요한 일이 그에게 일어났었지
"시와 마음의 재창조"라는 사건이

그는 러시아인이 되었네, 러시아의 시초에서
자신에게 필요한 것을 찾곤 하였네,
신분과 학교, 친구와 가정
지금까지 그가 갖지 못했던 것들을

원인 모를 중병을 앓고 난 듯
그는 여기서 세상을 등졌구나,
멀리 강 건너 들려오는 노래에
설날 밤하늘의 별과 함께 마음을 바치며.

모두가 그를 기억하네. 바람에 흩날리듯 그는
제 주변을 감싼 세상과 친척관계를 끊지 않네…
오직 박물관이 있는 국가별장만이
그러한 그를 지금 보기 싫어하구나.

도대체 국가박물관이 무엇인가
러시아 것이 아닌 다른 나라 책들, 빌려온 신화들,
진화되지 못한 인간 중 자랑스러운 시인에 대한
그 초라한 선반 진열대들

오, 신이여, 모든 것이 영원히 구태의연하구나,
이 박물관은 그저 표식처럼
시인의 존재가 아닌 다른 것으로
물론 괜히 세워져 있구나.

또다시 그를 조각내어 거세하고
강력한 말로 부스러뜨리며
완전한 충동, 값비싼 이름으로
자신을 재창조하였구나 …

입구에 서있는 수많은 도요타와 피아트자동차,
멀리서는 외국말이 들리고…
고요하고 넓은 이 땅의 숲들이
구원자의 신비한 황금으로 둘러싸여 있구나.

느릿하게 벌판을 울리는 교회 종소리가
또다시 밝고 가볍게 이야기해주네,
이 세상 어느 누구도 시인을 다치지 못한다고,
더욱이 그가 죽음의 순간에 깨달은 통찰에서.

1992

МУЗЕЙ ПОЭТА

Казенная дача в казенном поселке

С музейной табличкой... Лет тридцать назад

Здесь жил знаменитый поэт. И проселки

Его не забыли, и речка, и сад.

Его не забыли плакучие ивы

Над тихой водой, и церквушка вдали

У сельского кладбища, где терпеливо

Он ныне лежит под покровом земли.

Его еще помнят старухи в деревне,

Тогда молодые, — и дом на бугре,

Куда заходил он, — и эти деревья

У маленькой станции на пустыре.

И этот запущенный парк не ошибся б,

Его силуэт распознав под дождем,

Где те же вороны бы граем осипшим

Вот так и встречали б его за прудом...

Здесь в медленном русском укладе и быте
Без внешних событий, в трудах и тиши
Свершалось его стержневое событье —
Пересотворенье стиха и души.

Он делался русским, и в русском начале
Всему вопреки находил для себя
Все то, что ему до сих пор не давали
Сословье и школа, друзья и семья.

Как после тяжелой нелепой болезни
Он здесь отходил, обращаясь душой
К рождественским звездам, к нечаянной песне,
Расслышанной там, вдалеке, за рекой.

И все его помнит, он словно развеян
Вокруг, сохранив с этим миром родство…
И только казенная дача с музеем
Такого сейчас — не желают его.

Так что ж там, под этим музеем казенным,
Под жалкой экскурсией вдоль стеллажей
С нерусскими книгами, с мифом заемным
О гордом поэте средь недо-людей?

Ах, Боже, все то же, привычно и вечно,
И этот музей, сотворенный как знак
Присутствия здесь не поэта, конечно,
А только того, что и ясно и так, —

Опять оскопляет его, половиня
Иной, племенною цензурой губя
Двуцельный порыв, драгоценное имя,
Пересотворившее напрочь себя...

Толпятся у входа тойоты, фиаты,
Звучит иностранная речь...   А вдали
Таинственным золотом Спаса объяты
Леса этой тихой, просторной земли,

Где медленный звон церковушки над полем
Опять повествует светло и легко,
Что в мире никто над поэтом не волен,
Тем более в смертном прозреньи его.

1992

세툰 강1), 덤불과 골짜기,
벌거벗고 누운 버드나무와 버드나무숲
또 간간이 ≪흔들리는 오리나무숲≫도
벌거벗었구나, 벌거벗었구나.

파스테르나크, 파스테르나크
가을, 세툰 강, 거미줄,
그리고 중용,
헌데 중용은 끝나지 못한 절반의 표식…

혹시 조용히, 신나게, 특색 없이
그리 살아야 되는 것이 아닐까,
인생이 단호하면 그건
빛과 암흑뿐, 빛과 암흑뿐…

파스테르나크, 파스테르나크,
끝내지 못한 말 한마디
닥터 지바고로부터 지보고까지는2)
단 한걸음, 단 한걸음.

1992

---

1) 세툰 강 : 모스크바 서쪽을 흐르는 강으로 모스크바 강의 가장 큰 지류다.
2) 닥터 지바고로부터 지보고까지는 : 우리말로 번역하면 "닥터 지바고로부터 살아
   있는 존재까지는"이라는 뜻이지만 여기서는 우리말 번역보다 러시아어 단어의 발
   음이 더 중요하다. 지은이는 그 뒤에 이어지는 "단 한걸음, 단 한걸음"이라는 마지
   막 문장에 의미를 부여하기 위해 '지바고'와 '지보고'라는 발음이 유사한, 즉 한
   음절만 다른 두 단어를 대비시키고 있기 때문이다. '닥터 지바고'는 러시아의 소설
   가 파스테르나크가 쓴 소설 『닥터 지바고』(Доктор Живаго)의 주인공 이름이다.

Сетунь, заросли, овраг,
Голых ив прутняк и стланик,
И «трепещущий ольшаник» —
Скуп и наг, скуп и наг.

Пастернак, Пастернак,
Осень, Сетунь, паутина,
Золотая середина,
Недоделок полузнак...

Может быть, и надо так,
Тихо, весело, безлично, —
Если жизнь категорична:
Свет и мрак, свет и мрак...

Пастернак, Пастернак,
Недосказанное слово,
От Живаго — до живого —
Только шаг, только шаг...

1992

무언가를 느끼는 것인지 아는 것인지

8월의 마가목, 숲속에서 마저 타오르네,

걱정스럽게 풀빛 붉게 부스러지며.

8월의 마가목아, 네가 없다면 좋으련만

그런 느낌과 예감은 필요 없어라

뜨거운 수풀과 지붕들에게는.

따로, 또 함께 8월의 십자가에 못 박힌

마가목아 마가목아 너는 왜 불타고 있느냐?

… 계속 마르고 뜨겁게 타오르며 불길이 이네,

운명 지어진 제 그리움을 숨기지 않으며

가을이 오기 전의 한가한 농사일,

이 느낌, 러시아, 나의 마가목아 …

1992

시인 박물관
89

---

1) 러시아의 속설에 의하면 마가목 열매가 잘 열린 해에는 흉년이 들어 농민들이 겨
  울에 굶주린다고 한다. 즉 마가목은 마치 러시아의 예언자처럼 다가올 일을 미리
  알려주는 존재인 것이다.

Рябиновый август в лесах догорает,
В тревоге зеленое алым дробя, —
Как будто бы что-то предчувствует, знает, —
Рябиновый август, не надо б тебя.

Не надо бы этих предчувствий, предвестий
Лесам опаленным и скопищу крыш,
Распятых под августом порознь и вместе, —
Рябина, рябина, зачем ты горишь?

... Все суше, все жарче пылает, сгорая,
Своей обреченной тоски не тая,
Скупая страда предосеннего края, —
Предвестье, Россия, рябина моя...

1992

개조

작가의 별장들이 깊이 잠들어 있구나
하늘의 성좌 아래서.
기차소리와 개들 짖는 소리가
침엽수림을 떨리게 하는데

천하에 낙천적인 인간이
이 별장에서 총으로 자살하였지
우리 명절날의 가수는
바로 이곳에서 죽도록 술을 마셨고

그리고 이 무서운 지붕 밑에서는
줄을 팽팽히 감싸고,
누군가가 쓰고 또 쓰고 쓰는구나.
그는 술독에 빠지지 않으리라.

어스름이 외치고 밤이 빛나며
기차가 마음껏 달리네,
이 별장에서 멀지 않은 수도 서울은
하늘 창공을 훤히 비쳐주고

그리고 개들의 숲을 비쳐주네.
악취 나는 밤의 별장 위
러시아의 어두운 꿈 아래
울음소린지 신음소린지 나는 그곳을.

* 저자가 구소련 시절 타성에 젖은 작가들을 신랄하게 비판하며 쓴 시다.

ПЕРЕДЕЛКИНО

Спят писательские дачи
Под созвездьями небес,
Поезда и лай собачий
Оглашают хвойный лес.

В этой даче застрелился
Жизнерадостный жилец,
В этой даче насмерть спился
Наших праздников певец.

А под этой страшной крышей,
Натянувшей провода,
Кто-то пишет, пишет, пишет,
Не сопьется никогда.

Лается сумрак, ночь искрится,
Мчится поезд напроход,
Недалекая столица
Озаряет небосвод.

Озаряет лес собачий,
Где витает вой ли, стон, —
Над смердящей ночью дачей,
Под российский темный сон.

아마 어딘가에서 더 행복할 수 있으리라.
그게 운명인지 숙명인지는 하느님만이 알리라.
그 도시, 그 스물두 번째 줄
스물여섯 번째 집.

집은 들뜬 노아의 방주마냥 이상하게 흘러갔구나,
시간을 꿰뚫고 들어온 우리 청춘시절의 집,
거기서는 가물거렸지, 실패와 절망의 암흑에 든
우리의 별이.

별은 모호한 빛으로 반짝이며 흔들렸어라,
암흑 세월의 낭떠러지에 걸려서…
헌데 어머니는 보이지도 않는 그 고운 눈으로
환한 빛을 보았다지.

그 빛은 거룩한 기도로 우리를 지켜주었고
다른 강기슭과 가정으로 우릴 이끌어주었지,
그곳에서 지내온 날들은 이미 잊혀진 꿈인 양
우리게 생각되누나.

... 별이 마저 타버리는구나, 그리고 녹아내리는
우리 세기는 오직 우릴 위해, 우리 시들을 위해,
여자 친구와 동료들을 위해 마지막까지 남는구나,
무지한 세기여.

그리워라, 세기와 과거를 따라 친구들, 여자 친구들
죄 없고도, 죄 많고 술 취한 우리의 정원을 지나서
눈 부스러기 길 따라 고요히 사라지는 곳,
그 마지막 꿈속으로...

Сестре Людмиле

Наверное, можно быть где-то счастливее,

Но стал нам судьбой или роком, Бог весть,

Тот город, та Двадцать вторая линия,

Дом двадцать шесть.

Он плыл, словно странный Ковчег неприкаянный,

Дом юности нашей, сквозь годы, туда,

Где тлела во тьме неудач и отчаяний

Наша звезда.

Она трепетала лучами неясными,

Зависнув над чёрною пропастью лет...

Но мама слепыми глазами прекрасными

Видела свет.

Тот свет, что хранил нас святыми молитвами,

И вывел к иным берегам, очагам,

Где вот уже прошлое снами забытыми

Кажется нам.

...Звезда дотлеват, сгорая, и тающий

Наш век остаётся лишь только для нас,

Для наших стихов, для подруг и товарищей,

Век-невеглас.

Где тихо уходят по снежному крошеву

Сквозь сад наш безгрешный, грешны и хмельны,

Друзья и подруги по веку, по прошлому,

В последние сны...

바람이 불어 오르고 새들이 날아오른다,
그리고 먼 저녁노을로 흘러넘치는
수백 개의 날개로 가득 찬 공기,
한 순간에 힘이 빠져 어두워지고 말아라.

나는 너에게서 그 무엇도 원치 않는다,
내게 삶이 있는 것만으로도 충분하니까.
그리고 이 저녁노을에 날아가는 새들,
또 이 바람이면 슬퍼하지 않고 살아갈 수 있단다.

헤아려 계산된 이 날들만으로도
나는 충분히 내 운명을 분별할 수 있단다,
단지 가만히 있지 못하는 내 인생이
사랑하는 이들에게 고통을 주지만 않았으면,

이제 또 일어나고 또 일어났구나.
검은 그림자들이 꿈도 없이 집도 없이
이렇게 날아다니는 것들이 되었구나.
나도 하늘을 나는 희미한 그림자가 되지 않겠느냐?

바람의 새를 가지고 바람을 일으키고 떠들며
저녁의 검은 구름들을 다 없애버렸으면!
인생아, 내 피할 수 없는 금빛 저녁노을아,
나는 너에게서 그 무엇도 원치 않는다.

Ветер взовьётся, и птицы взлетят,

И потемнеет, на миг обессилев,
Воздух, промешанный сотнями крыльев,
Перетекающих в дальний закат...

Я ничего не хочу от тебя,
Жизнь, ты дана мне, и этого хватит, —
Этих взлетающих птиц на закате,
Этого ветра, чтоб жить не скорбя.

Этих отмерянных случаем дней
Хватит, чтоб ими сочесть свою участь,
Лишь бы любимых суметь не измучить
Неугомонною жизнью своей ...

Вот и опять поднялись, поднялись
Тёмные тени без снов и пристанищ.
В этих взлетаниях разве не станешь
Сам полутенью, взметнувшейся ввысь?..

Ветреной птицей, сквозя и трубя,
Перечеркнуть бы вечерние тучи!..
Жизнь, золотой мой закат неминучий,
Я ничего не хочу от тебя.

마음이 꿈꾸었던 것처럼 될 수 있었으리라,
거룩한 삶의 교훈이 새겨진 빗돌들과
마음과 땅의 가을영혼이
죄진 마음 위에 그렇게 서있지 않았었다면.

그리고 갑작스런 고통과 비밀이 된
너, 희망 없는 나의 기쁨아
조용한 존재의 그리움만 아니었어도
끝내 우연이 아닌 영원한 것이 되었을 텐데

서서히 가해지는 고통과 행상생활로
나는 너무나 힘이 빠지고 시달렸어라
하여 참을성 있고 굳건한 너에게도
남은 마음의 절반만을 겨우 가져다주었구나.

어디로도 갈 수 없고 길은 희미하여
날개 없는 밀림에서 우린 조용히 엇갈렸구나.
너의 손에 입을 맞춘다. 작별인사도
미안하다고 말할 힘조차도 없이.

Всё было бы так, как мечтала душа,

Когда бы над грешной, над ней, не стояли

Скрижали отмеренной бытом морали,

Осеннюю душу душа и суша.

И ты, безнадежная радость моя,

Вдруг ставшая сразу и мукой, и тайной,

Была б навсегда, до конца не случайной,

Когда б не глухая тоска бытия, —

Где медленной пыткой и жизнью вразнос

Я был обезсилен и выжат настолько,

Что даже тебе, терпеливой и стойкой,

Едва полдуши уцелевшей донёс.

И некуда деться, и смутны пути,

Запутанно стихшие в дебрях безкрылых.

Я руки целую твои и не в силах

Сказать на прощанье — прощай и прости.

물결과 바람이 끝없는 강가, 그곳은 나의 영원한 기슭이어라!
이 세상에서 행복에 필요한 것이 얼마나 작은 것인가!

이 세상에서, 이 하늘 아래서, 이 들녘에서
길 잃은 자 용서하고 권력자 이겨내고 넘어진 이 일으켜주자!

헐벗은 자 입히고 맨발에 신 신기고 목마른 사람 물주고
탐욕자의 욕심은 채워주고 죽은 이 바래주며 조용히 일러주자.

물결과 바람이 끝없는 강가, 그곳은 나의 영원한 기슭이어라!
이 세상에서 행복에 필요한 것이 얼마나 작은 것인가?

Мой берег вечный, река без края, волна и ветер!
Как мало надо, чтоб быть счастливым на белом свете!

На белом свете, под этим небом, на этих пашнях
Простим заблудших, претерпим властных, поднимем падших!

Нагих оденем, обуем босых, напоим жаждых,
Накормим алчных, проводим мертвых и тихо скажем:

Мой берег вечный, река без края, волна и ветер,
Что ещё надо, чтоб быть счастливым на белом свете?

꾀꼬리

어느 먼 곳이었던가 아님 소년시절이었던가
살아있는 마음이 괴로워하는 곳, 그곳에서
꾀꼬리가 조용히 여름을 불러냈구나,
오월이 빗소리로 바스락거리며 활개를 쳤구나.

그게 어디며 무엇이더냐, 어이 잊히지 않았더냐
어찌 숨기고 보존할 수 있었더냐?
보슬보슬 내리는 이 비들의 축축함을,
분주히 오가는 이 강물의 말들을

어찌 희망을 잃지 않을 수 있었더냐
어이 또다시 영원히 그 마음으로 돌아올 수 있었더냐
금빛 먼지 속의 현실과 꿈 사이에서
헛소리를 시껄이는 머나먼 오솔길로

바스락 거리는 세상으로 빗줄기 스쳐지나가며
히드꽃이 핀다, 그리고 강가 안개 속 멀리
꾀꼬리 한 마리 가만히 앉아있지 못하고
애타게 과거를 부르며 조용히 울고 있구나.

ИВОЛГА

Где-то вдали или в юности где-то,
Там, где живая томится душа,
Иволга тихо окликнула лето,
Май встрепенулся, дождями шурша.

Где это, что это, как не забылось,
Как удалось, затаившись, сберечь
Этих дождей моросящую сырость,
Этой реки хлопотливую речь?

Как удалось не утратить надежду,
Вновь и навеки вернуться душой
К дальней тропе, пробредающей между
Явью и снами в пыли золотой? —

К миру, где дождь шелестит, пролетая,
Вереск цветет, и в тумане речном
В дальней дали, не смолкая, взывая,
Иволга тихо свистит о былом.

악타이온의 개들

한마디로 이 신화는 범상치 않구나, 비록 소박하게 보이지만…
자기가 거느리던 개떼로부터 뒤처지던 사냥꾼 악타이온1)은
우연히 들어간 동굴에서 벌거벗은 아르테미다 여신을 보았지,
그리고 여신은 그 잘못을 이유로 그를 사슴으로 만들어버렸지,
여신의 변덕으로 인해 무엇으로 변했는지조차 아직 모르고,
악타이온은 걱정도 없이 강렬한 모습에 눈이 부셔있구나,
그는 다리 아픈 줄도 모르고 햇빛 나는 골짜기로 달려갔어라,
그리고 신화는 여기서 조용히 끝났을 수도 있었지.

그러나 신화는 교활하고 꼼꼼하구나… 긴장하고 또
이상하게 제 몸이 무거워서 지친 불쌍한 악타이온은
시냇물 앞에 멈추어 서서 거기 비친 자신의 모습을 보았구나,
그는 몹시도 놀랐지, 물에 비친 제 모습을 보고
가지 많은 뿔, 점이 박힌 옆구리, 안개 속의 커다란 눈…
그래서 그는 소리를 질렀지, 허나 나오는 건 목쉰 신음소리뿐.
그러자 먼 곳에서 사슴들이 죽어가는 외침으로 대답해주었구나,
그리고 또 여기서 신화는 끝날 수도 있었지…

그러나 아니다… 뒤에서 컹컹 짖는 소리, 악랄하게 울부짖는 소리,

---

1) 악타이온 : 고대 그리스 악타이온 신화의 주인공. 신화의 내용은 이 시에 설명된
   바와 똑같다.

잊어버린 사냥개들 맹렬히 쫓아오면서 벌써 뒤를 밟았구나.
사냥개 무리로부터 도망치면서 불쌍한 악타이온은 알았구나,
피해자는 바로 자신, 숲속의 사슴으로 운명 지어졌다는 것을
그리고 평화의 숲에서 피의 추격이 시작됐어라,
개들은 배운 대로 지름길을 가로질러 따라잡는구나.
그는 개들의 이름을 다 알고 있지, 제 손으로 먹이를 주었으니까,
헌데 이제는 소리도 못 지르고, 그들을 부르지도 못함이여.

여기서 신화는 무자비하게 서둘렀구나, 그 끝을 느끼며…
사슴은 걸려 넘어지고 곧바로 사냥개들에게 둘러싸였구나,
그리고 수캐의 자개미에 붙잡히고 꽁꽁 붙들린 존재,
악타이온은 땅에 넘어졌구나, 그리고 다시 일어나지 못했구나…
형형색색의 몸뚱이 위에서 플라타너스 잎이 고요히 소리를 내고,
푸른 떨기나무 위에서는 끝없이 들려오는 매미울음소리,
개들은 피를 빨면서 참을성 있게 기다렸지,
저들의 주인이 나타나기를… 허나 주인은 오기를 서둘지 않았어라…

그리고 신화는 거의 다 끝났구나, 결론도 교훈도 없이,
허나 그 수수께끼 같은 뜻은 희미하게 남았어라…
신화야, 넌 무얼 말하느냐, 운명은 피할 수 없다는 것이 아니더냐?
그리고 또 그 누구도 용서 받지 못한다는 것이 아니더냐?
시의 절과 연은 점점 사라지며 지쳐서 잠이 들고,
눈을 감으면 날아가는구나, 피의 추격이 난무하는구나…
나의 시들은 눈먼 개, 악타이온의 개들이다, 나는 너희들에게
내 손으로 먹이를 주었다, 헌데 너희들은 아직도 나를 뒤쫓는구나.

ПСЫ АКТЕОНА

Миф этот, в общем-то, не прост, хоть и наивен с виду...

Отстав от собственных собак, охотник Актеон

В случайном гроте увидал нагую Артемиду,

И за оплошность ею был в оленя превращён.

Ещё не зная, кем он стал по прихоти богини,

Виденьем знойным ослеплён, беспечный Актеон,

Не чуя ног, помчался вдаль по солнечной долине, —

И миф на этом мог бы быть спокойно завершён.

Но миф коварно-кропотлив... Устав от напряженья,

От странной тяжести своей, несчастный Актеон

Остановился над ручьём, вгляделся в отраженье,

И — ужаснулся он тому, что вдруг увидел он:

Ветвистый рог, пятнистый бок, огромный глаз в тумане...

И закричал он, но сумел издать лишь хриплый стон.

И даль ответила ему предсмертным криком лани, —

И снова миф на этом мог быть честно завершён...

Но нет... Уже катился вслед, заметно настигая,

Забытой своры звонкий лай и злобный рёв вдогон.

И понял бедный Актеон, кидаясь прочь от стаи,

Что жертва — он, лесной олень, что здесь он обречён.

И понеслась вдоль мирных рощ кровавая погоня,

Собаки выучено шли на срезку и в обгон.

Он знал их всех по именам, он их кормил с ладони, —

И вот — ни крикнуть, ни позвать не в состоянье он.

Здесь миф жестоко заспешил в предчувствии развязки...

Олень споткнулся и тотчас был сворой окружён, —

И, взятый выжлецом под пах и стиснутый под связки,

На землю рухнул Актеон, и не поднялся он...

Над пёстрой тушею платан шумел листвой лениво,

Витал над миртами цикад неистребимый звон,

Собаки слизывали кровь и ждали терпеливо,

Когда хозяин их придет...   Но что-то медлил он...

И миф иссяк уже вполне, без вывода, урока, —

И смысл загадочный его остался затемнён...

О чём ты, миф, ведь не о том, что не уйти от рока?

И не о том ведь, что никто не будет пощажён?

Строфа пустеет на ходу и дремлет утомлённо,

Глаза закроешь, и летит, летит кровавый гон...

Стихи мои, слепые псы, собаки Актеона,

Я вас с руки кормил, а вы всё мчитесь мне вдогон.

여새들이 울음을 우네, 마가목나무에서,

또 얼어붙은 12월의 인적 없는 숲속에서.

초현실적인 마음의 부름과

하늘의 소리들은 너무나도 닮았구나.

여기엔 열정이 없구나, 허나 우울함도 없어라,

모든 것이 단번에 영원히 조용해졌어라,

마술 같은 정오의 눈 위로

마가목에서 서리만 떨어져 내릴 뿐.

모든 것이 이리 생각되고 또 이리 보이는구나,

가지 위의 새들이 우는 것이 아니고,

우리에게 저들의 비밀을 떠올려주려고

친밀한 것이 조금씩 들리도록 문을 두드리는 것처럼

우리는 오직 그것으로만 불멸하여라,

마가목이 되어, 새와 바람이 되어

---

1) 겐나지 까쓰믜닌(Геннадий Касмынин, 1948~1998) : 러시아의 시인. 시집으로
　『메추리 둥지』(Гнездо перепёлки) 등이 있다.

고통스러운 이 땅에 존재하고자
마음을 보듬고 산의 세상으로 날아가면서…

눈보라를 예보하며 하늘이 얼어붙고,
붉어지는 눈은 모두 낙엽 되어 떨어졌어라.
마가목나무에서 여새들이 울음을 우네,
서리가 끼고, 한 세기가 끝나가네…

Не хочет быть рабыней
Душа в борьбе со злом,
А хочет быть рябиной,
И речкой, и веслом …
                    Г. Касмынин.

На рябине журчат свиристели,
И в промёрзшей декабрьской глуши
Так похожи небесные трели
На призыв запредельной души.

Нет здесь страсти, но нет и унынья,
Всё утишилось враз и навек, —
Лишь с рябины ссыпается иней
На волшебный полуденный снег.

И всё кажется мне, и всё мнится:
То не птицы журчат средь ветвей,
То родное чуть слышно стучится
К нам – напомнить о тайне своей, –

Что мы все только тем и бессмертны,
В горний мир отлетая душой,
Чтоб рябиною, птицей и ветром,
Оставаться в юдоли земной...

Зябнет небо предвестьем метели,
Весь в опаде алеющий снег.
На рябине журчат свиристели,
Вьётся иней, кончается век...

유혹들, 의심들, 마음의 혼란들,
인생이 세월로 쌓아올린 모든 것을
자신의 고독과 고통들에 대한
숲속의 평범한 참회로 용서받을 수 있을까?

남은 건 오직 이것뿐, 삶의 불길로
활활 타올라, 슬플 때에 당신을 부르노니
오, 주여, 제게 참회를 허락해주십시오,
저를 죽음의 바다에 버리지 마십시오.

Искушенья, сомненья, смятенья души,

Всё, что жизнь громоздила годами,

Разрешишь ли простым покаяньям в глуши

Одиночеств своих и страданий?

Но осталось лишь это, – в житейском огне

Опалённым, – взывать к Нему в горе:

О, Владыко, даруй покаяние мне,

Не оставь в этом гибельном море.

가을날이 강에서 녹아 타버렸구나,
그리고 밤이 되도록 날개를 펴고 돌며
지치도록 떠들썩거리던 까마귀 떼
낡은 공원에 힘겹게 내려앉았구나.

억센 까마귀들 백양나무를 놀래며
밀려오는 걱정으로 조용히 있질 못하네.
이는 새 떼가 아닌 지친 땅이
하느님께 하소연하는 것으로 보였어라.

… 내가 쉰 목소리를 낼 수만 있다면
황야의 안개에 대고 무언가 소릴 지르련만,
언제 알게 될까, 하느님이 시달린 이 땅에
지치지 않고 귀 기울이고 있음을 …

Осенний день сгорел, в реке растаяв,

И к ночи, закружив крыло в крыло,

Устало гомоня, воронья стая

На старый парк упала тяжело.

Всё не стихал, рождающий тревогу

Железный грай, пугая тополя.

И мнилось, будто жаловалась Богу

Не стая, а усталая земля.

... И мне подать бы голос свой охрипший,

И что-то прокричать пустынной мгле,

Когда бы знать, что не устал Всевышний

Внимать своей измученной земле ...

삶이 고요해지네, 그리고 빛이 모자라네,
그러나 등 뒤에 있는 암흑을 느끼며
나는 아직 살아있다네, 비록 이것이
그 누구에게도 흥미롭진 않겠지만.

그러나 이해력에는 안정이 있구나
존재의 마지막 진실한 고백에서,
내 인생이라고 불리는 비밀에
아직 마음이 주의를 기울이는 곳

넘겨지는 달력에 새겨진 날들의
그 질주와 초조감을 난 견디어낸다네,
매 순간들이 잊히지 않는 곳에서
하느님이 주신 이 선물에 감사하며

6월, 7월 … 세월은 바삐도 서두르는구나
낡은 공원에 보리수나무 꽃피어나더니
지나가버린 이 땅의 명절 날
그 보리수들 벌써 불타버렸어라.

새가 된 새의 종족늘이 날아가네,
그리고 새가 되어 여름 창문을 두드리네
바로 그 쏜살같은 시간과 세월은
진부하건만, 다르게는 주어지지 않았구나 …

만일 심장이 무언가로 괴로워한다면
그건 너무나도 작고 사소한 것,
지나간 삶의 표현할 수 없는 꿈이
사라져가며, 보이고 보이고 또 보이기 때문이리.

Стихает жизнь, и не хватает света,
Но, чуя за спиной глухую тьму,
Я жив ещё, хотя, пожалуй, это
Уже не интересно никому.

Но есть успокоенье в пониманье
Последних откровений бытия,
Где всё ещё душа внимает тайне,
Которая зовётся — жизнь моя, —

Где незабвенно каждое мгновенье,
И, Божий этот дар благодаря,
Превозмогаешь бег и нетерпенье
Листающего дни календаря, —

Июнь, июль... торопятся недели,
Вот в старом парке липы зацвели, —
А вот уже и липы отгорели
На промелькнувшем празднике земли.

Взлетает, обновившись, птичье племя, —
И птицей бьётся в летнее окно
То самое стремительное время, —
Банально, но иного не дано...

А если сердце чем-то и томится,
То только тем, как тих, как навесом,
Всё убывая, снится, снится, снится
Минувшей жизни несказанный сон.

누군가의 자비로움과 우연에 대한 희망 없이
운명에 따라 견딜 수 있는 그리움에 사무쳐
인생은 순서대로 지나갔구나 그리고 들어갔구나
러시아의 운명이라 불리는 그 평범함으로.

걸려 넘어지고 사라지는 건 이미 재앙이 아니지
네가 사라지더라도 고국에서 영면하지 않겠느냐
장송곡도 고국의 존재가 불러주고, 네가 떠나더라도
그 존재는 마지막까지 너와 함께 했구나.

마지막까지 두근거렸다, 쓴맛이 났고 달기도 했다
그 존재는 바람처럼 밀려와, 네게 거듭 숨을 쉬라 했지,
그리고 이 살아있는 감정 속에 모두 들어있구나
그 유명한 슬라브 정신에 대한 수수께끼의 해답이.

그러기에 나는 운명 속에 들어간 모든 것이
결단코 부담되지 않고 가엽지도 않으리라,
그리고 그 어떤 악이 이 삶에 들어갔을지라도,
그건 제자신의 악으로 그 안에서 질식하고 말리라.

Без надежд на случайность и чью-либо милость,

В терпеливой тоске по планиде земной

Жизнь прошла чередом и вполне поместилась

В то простое, что русской зовётся судьбой.

И уже не беда, что споткнёшься и сгинешь,

Ведь и сгинешь — в родном, и на вечный покой

Отпоёт не чужое, а то, что покинешь, —

А оно до конца было вместе с тобой.

До конца трепетало, горчило и сладко

Наплывало, как ветер, — дыши и дыши, —

И в живом этом чувстве и есть вся разгадка

Пресловутой загадки славянской души.

Потому никогда ни в обузу, ни в жалость

Мне не станет всё то, что вместилось в судьбе, -

И какое бы зло в эту жизнь не вмешалось,

Оно собственным злом захлебнется в себе.

기 도

МОЛИТВА

발레리 미하일로브
Валерий **МИХАЙЛОВ**

나는 그 높은 황야의 노을을 사랑했네
고요히 서서히 지던 그 노을빛,
몇 세기 전부터 이 땅 위에 빛나던
그리고 또 이제 수 천 년을 더 빛날 그 빛을

나는 상상조차 할 수 없는 그 봄의 공기를 사랑했네
유년의 자유 마냥 취하게 만드는 그 한 모금 공기,
백양나무 싹과 끈끈한 잎사귀
축축한 어둠에서 숨쉬길 가빠하고 있구나.

나는 초원의 그 뜨거운 먼지를 사랑했네
그곳에서 따뜻한 소나기 소리를 내며 들끓듯
잊어버린 맨발의 그 옛날 일들을,
거기서 내가 가장 높이 올라갔던 그 언젠가를.

1977

Я любил тот высокий пустынный закат

И спокойный его, тихо меркнущий свет,

Что сиял над землёю столетья назад

И что будет сиять ещё тысячи лет.

Я любил тот немыслимый воздух весны,

Словно юной свободы пьянящий глоток,

Что в сырой черноте надышали, тесны,

Тополиная почка и клейкий листок.

Я любил ту степную горячую пыль,

Как шипя в ней вскипал тёплый дождик слепой,

Позабытую ту босоногую быль,

Где когда-то я был самым лучшим собой.

1977

이 어두운 밤, 어두운 이 밤은
한 순간도 날 구원해주거나 도와주질 못 하네

천년을 창가에 앉아 새벽을 기다린들
무엇을 어찌한들, 아무러한들 끝이 없는 것을

밤아, 나는 인생에 지은 모든 죄를 생각하며
눈물을 흘리면서 시를 읊노라

내가 자신에게 말하는 걸까 그대에게 속삭이는 걸까,
인생은 몹시도 짧은데 고통은 그리도 강렬하다고

난 내 마음이 거짓이라고 생각해왔건만
지금에 이르러보니 그건 부끄럽지 않은 일

이제 알지 못할 순결한 눈물의 길을 따라
보이지 않는 별까지 마음 찾아 나서리라

1986

Эта чёрная ночь, эта чёрная ночь
Ни на миг не спасёт и не сможет помочь.

Можешь тысячу лет ждать рассвета в окно —
Нескончаемой, ей всё равно, всё равно.

Что же, ночка, за все в моей жизни грехи,
Не скрываючи слез, я читаю стихи,

То ли сам для себя, то ль тебе шепоча.
Больно жизнь коротка, больно боль горяча.

Душу живу свою я считал за враньё,
А теперь, а теперь не стесняюсь её.

По дорожке чистейших негаданных слёз
Покачусь за душой до невиданных звёзд.

1986

기도

하느님이시여, 제가 완벽하지 못함을,
저의 망측함과 삿된 마음을 용서해주십시오.
하느님이시여, 제게 마지막 지복을,
벌거벗은 가을의 거룩한 낱말들을 주십시오.

제 마음은 아프고 피를 흘립니다,
너무나 어두운 암흑에서 헤어날 길이 없습니다.
제게 끝없는 밤과 같은 언어를 주십시오,
당신은 우릴 불쌍히 여겨 구원의 새벽을 보내십니다.

당신의 밝은 눈길은 엄하고 완강하며, 당신의
신비한 열은 저를 재로 만들어버리려고 위협합니다.
침묵의 감옥에서 저는 허약하고 죄인입니다.
오직 진실을 말해야 해방되는 것이지요.

저는 인생에서 더 이상 바라는 것이 없습니다,
확실한 헛수고의 쳇바퀴가 끝났으니까요.
제발 애원하오니, 해방시켜주십시오, 저를
말 못하고 속 타는 벙어리로 만드는 이 지옥의 고문에서

공기는 겁과 거짓으로 중독되었습니다,
그래서 날이 갈수록 숨을 쉬기가 힘이 듭니다.
그냥 저를 존재하게 하는 것이 아니라 살게 만드는
당신의 불꽃을, 주여, 사라지지 않게 해 주십시오

1977

МОЛИТВА

Прости мне, боже, все несовершенство,
Изломанность мою, недоброту.
Дай мне, господь, последнее блаженство —
Осенних слов святую наготу.

Душа моя болит и кровоточит,
Во тьме кромешной ей исхода нет.
Даруй мне речь, как в бесконечной ночи,
Щадя, ты шлешь спасительный рассвет.

Твой светлый взор суров и неотступен,
Твой тайный жар грозит испепелить.
В тюрьме молчанья слаб я и преступен.
Освобожденье — правду говорить.

Мне больше в жизни ничего не надо,
Закончен круг заведомой тщеты.
Избавь, молю, от этих пыток ада —
Невысказанной жгущей немоты.

Отравлен воздух трусостью и ложью,
И с каждым днём всё тяжелей дышать.
Не дай, господь, утратить искру божью —
Возможность жить, а не существовать.

1977

어떤 비밀도 남아있지 않습니다
모든 것이 다 드러났습니다
나 그리도 노력했건만, 신이시여!
나는 마음을 이기지 못했습니다
육신에서 해방되어 나온 마음은
공기와 빛 속으로 사라져버렸습니다
마음에겐 한 푼의 사심도 없는 것이지요,
오직 새와 구름과 바람만이 있을 뿐

1981

Не осталось тайны ни одной,
Всё, что было, вырвалось наружу,
Как я ни старался – боже мой! –
А не пересилил свою душу.
Вырвалась на волюшку душа,
Растворилась в воздухе и свете.
Нету за душою ни гроша,
Только птицы, облака и ветер.

1981

나는 무엇인가 이해할 것 같네…

시간이 손가락을 뚫고 날아가는 허공

손으로 보듬어보네.

아마 내가 시간을 꿰뚫고 날아가는 것이리라

언젠가 핏방울 되어 사라질

인간 종족을 지나 차가운 은하수

무분별하고 제멋대로인 암흑을 찌르는

불타오르는 사막 바로 그곳으로…

1994 

Мне кажется, я что-то понимаю …

Я пустоту руками обнимаю,

Сквозь пальцы воздух времени летит.

А может, это я лечу сквозь время,

Кровинкою через людское племя,

Которое когда-то замолчит

В пустыне огненной, где Млечный путь холодный

Пронзает мрак безумный и свободный …

1994

시간이 어두운 강물 되어 흐르고
만물이 시각을 질주해 지나가버리네
오직 하느님만 그대와 같이 남아있구나
떨어지는 잎사귀에 건드려진 공기,
사라지는 모닥불 연기와 함께.

1996

Время тёмной струится рекою,
Всё на свете уносится им.
Только Бог остаётся с тобою,
Воздух, тронутый палой листвою
И костров ускользающий дым.

1996

자유로운 나리새밖에 없는,
하느님도 잊어버리신 저 초원의 시골길을
나는 아무런 생각도 없이 돌아다니네,
맨발로, 부드러운 먼지의 속삭임을 들으며

가벼운 바람 따라 나리새에 들어붙네,
고깔꽃차례들이. 먼 곳에도 마을 하나 없어라.
이 땅의 허황된 소문이 다 내게 무엇인가!
아, 금빛 나는 먼지는 얼마나 따스한가!

하느님이 잊으신 이 땅에 대한
가장 위대한 부드러움이란
아마도 벌판에 적갈색의 말을 놓아주듯
한 시간쯤 맨발로 먼지 위를 걷는 것이 아닐까

아, 구름이 몰려오기 전까지는
먼지는 부드럽고 햇빛은 따스하여라,
나는 계속 그렇게 걸었으리라, 있지도 않은
인생의 의미에 대해서 아주 잊어버리고.

1980

По забытому богом просёлку
В той степи, где лишь вольный ковыль,
Я бреду безо всякого толку,
Босиком, слыша нежную пыль.

Льнут по лёгкому ветру метёлки
Ковыля, на сто вёрст ни села.
Что мне все на земле кривотолки!
Ах, как пыль золотая тепла!

Может быть,, величайшая ласка
Этой богом забытой земли —
Отпустить, словно в поле савраску,
На часок, босиком по пыли.

Ах, пока облака не нависли,
Пыль нежна, тёпел солнечный свет,
Так и брел бы, забывши о смысле,
Смысле жизни, которого нет.

1980

로망스

삶이 이렇게 지나가버린 걸 알아채지 못했네
누구에게든 말해주리, 내가 그들과 무엇이 다른 지…
많은 이들 만났지만 나 아직 그댈 만나질 못했네
무엇 때문일까, 그대와 나의 길 서로 엇갈렸음은

언덕 아랫길에선 빛을 생각할 수조차 없구나…
날이 갈수록 모든 건 더욱 안개 속
행여 그대 아예 존재하지 않는 것일까?
(하지만 난 내가 없다고 말할 순 없지 않은가)

그대 존재하니 알아두오, 나 영원히 그대의 것임을!
이 세상이 비록 ≪무익한 노동≫조합이라 해도…
… 모든 강물이 금방 바다에 합류할지라도
길 잃은 두 마음은 쉽게 하나 되지 않으리라

2004

РОМАНС

Вот жизнь прошла, а я и не заметил.
Любой так скажет. Чем я не любой?..
Я встретил вас, да лишь тебя не встретил,
Зачем-то разминулись мы с тобой.

Под горку путь, а там уж не до свету…
Неразрешимей всё день ото дня:
А может быть, тебя и вовсе нету?
(Я ж не могу сказать, что нет меня.)

А коль ты есть, так знай: я твой навеки!
Пусть этот мир — артель «Напрасный труд»…
…Скорей сольются все моря и реки,
Чем две души, что заблудились тут.

2004

목소리

하얀 안개 속 처녀의 목소리
따뜻한 양초가 되어 노래를 부르네
이른 새벽 강물 따라
깨끗한 배 한 척 지나가는 듯

무슨 노래일까? 선율과 가사들
흰 소용돌이에 파묻혀 알 수가 없어라
오직 심장만이 평생 이 노랠
들을 준비 되어 있는 듯

세상은 상처인양 안개로 덮여있네
따스한 은하수의 고요로 숨 쉬면서…
새하얀 꿈길 같은 안개 속
어느덧 마음이 감응하며 헤엄쳐 오네…

2005 

ГОЛОС

Тёплой свечкою в белом тумане
Голос девичий песню поёт
И по речке в предутренней рани
Словно чистый кораблик плывёт.

Что за песня? Напева и слова
В белом омуте не разгадать,
Только кажется: сердце готово
Всю-то жизнь этой песне внимать.

Мир туманом затянут, как рана,
Тёплой млечною тишью дыша...
Как из белого сна, из тумана
Выплывает навстречу душа...

2005

두 왈츠

♥ I

나 그대를 못 잊으리라
이 세상 끝나는 날까지
그대 어디서나 빛으로
날 비쳐주었음을

어떤 한 어린아이
그대에게서 눈을 못 떼고
눈먼 송아지 마냥
그대 뒤를 따라다녔지

공기보다 가벼운 풍선이
구름 속으로 날아가고
난 유리전등처럼
그 안에서 타오르고 있었지

그리고 기적과도 같이
지구가 나를 비춰주었지
난 어디로든 날았어
그대의 빛 알갱이를 뿌리며

♥ II

그대는 나를 잊지 못하리라
이 세상 끝나는 날까지
그 이후에 그대는
나에 대해 회상하리라

바로 내가 어린아이처럼
그대에게서 눈을 못 떼고
눈먼 송아지마냥
그대 뒤를 따라다녔지

내가 바로 풍선처럼
구름 속으로 날아갔지
난 유리전등처럼
그대가 되어 타올랐지

그리고 기적과도 같이
이 세상 끝나는 날까지
그대 모든 걸 비춰주었지
날 위해, 바로 나를 위해.

2005

ДВА ВАЛЬСА

♥ I

Я тебя не забуду
До последнего дня,
Как ты светом повсюду
Заливала меня,

И какой-то ребёнок
С тебя глаз не сводил
И, слепой как телёнок,
За тобою ходил.

Легче воздуха шарик
В облака улетел,
Как стеклянный фонарик
Изнутри я горел,

И, подобная чуду,
Мне сияла Земля —
И летела, повсюду
Твоим светом пыля.

♥ II

Ты меня не забудешь
До последнего дня,
А потом же ты будешь
Вспоминать про меня.

Это я, как ребёнок,
С тебя глаз не сводил
И, слепой как телёнок,
За тобою ходил.

Это я, словно шарик,
В облака улетел,
Как стеклянный фонарик
Я тобою горел.

И, подобная чуду,
До последнего дня
Ты светила повсюду
Для меня, для меня.

2005

잊혀진 시기에 꽃이 사라졌네…
그대가 누구였건 나는 그대를 지키지 못했네

심장에서 꽃잎안개를 찾았네…
내가 누구였건 그대는 나를 지키지 못했네

재가 되어 돌아왔거나 노을이 지거나…
그것이 무엇이든 헛된 것은 아니지

밤하늘의 그림자 타올랐다 사라지네…
그 빛이 무엇이건 그 빛은 사라지지 않네

2006

초원의 페이지를 넘기며

Меж забытых времён затерялся цветок...
Кто бы ты ни была, я тебя не сберёг.

И на сердце нашла лепестковая мгла...
Кем бы ни был бы я, всё же ты сберегла.

То ли пеплом несёт, то ли реет заря...
Что бы ни было там, только это не зря.

Отблеск в небе ночном вспыхнет и пропадёт...
Чем бы ни был бы свет, он уже не прейдёт.

2006 

무슨 이윤가로 살고 또 무슨 까닭인가로 죽네
나는 이 세상을 무슨 이윤가로 살펴보네
이곳에서 다음에 어딘가로 떠나기 위하여
또 이곳에 남거나 아니면 남지 않기 위하여

어떤 건 알 수 있고 또 어떤 건 알 수 없어라
하늘을 바라보며 까마귀들을 세어보네
운명을 견디고 두 콧구멍으로 숨소리를 내어보네
쓴 것을 마시고 심장을 쥐어뜯고 노래도 불러보네

그리고 우리가 어디를 가도 아무 것도 없구나
술을 마시지 않았거나 술 마시고 취했거나
아름다운 봄은 모조리 불타버렸구나
허나 눈보라는 하얗고 또 하얗기만 하여라…

2007

Зачем-то жить, зачем-то умереть,

На белый свет зачем-то посмотреть,

Чтобы потом с него куда-то сплыть,

А там то ль быть, а то ль уже не быть.

Чего-то ведать, да не разузнать,

Глазеть на небо да ворон считать,

Терпеть судьбу, в две дырочки сопеть,

Пить горькую, и сердце рвать, и петь.

И ничего, где наша не была

То ли стрезва, а то ли спохмела —

Весна-красна всё начисто сожгла,

Зато метель белым-бела, белым-бела …

2007

노래

그가 슬피 울며 무엇을 노래했던가,
무엇 때문에, 왜, 무엇 때문에
난 내 인생을 달리 생각하며 앉아있었던가
담배연기에 둘러싸여서?

목에서 터져 나오는 모르는 말들의
어떤 쓴 맛이 나를 찾아왔던가?
마치 별안간 하늘이 열린 듯하여라.
그리고 기슭들의 외로움도.

거기에 무엇이 고동쳤고 괴로워했던가,
무엇이 그리워하며 애원했던가?
그런데 내게는 왜 그리 보였던가,
그가 아닌 내가 노래를 부르는 것처럼?

1966

ПЕСНЯ

О чём он пел, грустя и плача,
И почему, и почему
Сидел я, жизнь свою инача,
В табачном кутаясь дыму?

Какая горечь мне явилась
Гортанных незнакомых слов? —
Как будто небо вдруг открылось
И одинокость берегов.

И что там билось и страдалось,
Звало, тоскуя и моля?
И почему мне всё казалось,
Что это пел не он, а я?..

1966

모든 것에 대답해야 할
차례가 왔구나.
무엇이 마음을 감동시키고 불타게 했는지를,
마치 그대 홀로 이 세상에서
선과 악에 대해 책임을 지는 듯,
마치 아무 것도 없는 곳에서
세계가 창조되기를 다시 그리도 바라는 듯,
그리고 한마디, 오직 한마디
그대의 말 한마디만을
기다리는 듯.

1980

Пришёл черёд –

На всё ответить,
Что душу трогало и жгло,
Как будто ты один на свете
В ответе за добро и зло,
Как будто бы мир жаждет снова
Быть сотворён из ничего
И ждёт лишь слова, только слова,
Лишь только слова –
Твоего.

1980

시들이 어떻다고!
한마디로 말해, 그렇게 큰 죄가 아니지,
물론, 그게 거짓된 요구가 아니고 진짜라면.
그렇다면 너의 마음은
또 한 치 올라섰다는 것
단단한 하늘 따라
현실을 넘어선 부드러운 마음의 하늘로

1983

Что стихи!

В общем, не такой уж большой грешок,

Если, конечно, они настоящие, а не на лжи потребу.

Значит, душа твоя

Вскарабкалась ещё на один вершок

По тверди небесной —

К её запредельному нежному небу.

1983

나는 땅 위에 집을 짓지 못했네,
살아온 모든 집이 아파트였으니까.
나는 힘들게 이 인생을 이해했네,
그것도 시를 읊는 소릴 들으면서.

난 이미 땅에 대고 투덜대지 않네,
하늘 집을 나는 지어놓았으니까.
누구도 거기에 들여놓지 않으리라,
왜냐면 그것이 한 생의 값이므로.

1995

На земле я не выстроил дом,
Всё какие-то были квартиры.
Эту жизнь понимал я с трудом,
Да и то под брянчание лиры.

Я на землю уже не ропщу,
Дом небесный себе я построил.
И туда никого не пущу,
Потому что всей жизни он стоил.

1995

나는 땅의 대답을 찾아냈다,
허나 그 어느 땅에도 정들지 못했다.
나의 고향은 러시아 말,
내 본향은 바로 러시아어다.

운명은 내게 타향을 주었지만,
고맙게도 그걸 한탄할 처지는 아니지.
고향의 애수를 끊을 순 없고,
오직 내 마음만 바칠 수 있구나.

끼떼즈[1]처럼, 넌 고향에서 스러지리라,
노래처럼 하늘로 떠나가리라.
넌 러시아말을 속이지 못 하리,
그 말과 함께 사라져라 주님 가르치시니

1996

---

1) 끼떼즈(Китеж) : 러시아 니제고로드주 북쪽 블라지미르촌 부근에 있는 륜다강
  곁 스베뜰로야르 호숫가에 있다는 전설상의 메시아 도시. 전하는 이야기에 의하
  면 끼떼즈에는 언젠가 어린이와 늙은이들만 남게 되었는데 어느 날 적들이 침입
  해오자 이 도시는 자기를 지키는 어린이 및 늙은이들과 함께 스베뜰로야르 호수
  의 신성한 물속으로 모습을 감추어버렸다고 한다. 그리고 이 도시는 이 세상이
  끝나는 날 비로소 모습을 드러낼 거라고 한다. 하지만 참된 믿음을 지닌 이들은
  물에 비치는 그 도시를 볼 수도 있고 거기서 울리는 종소리나 말소리도 들을 수
  있다고 한다.

Я дошёл до разгадки земного,

Но к земле ни к одной не привык.

Моя родина — русское слово,

Моя родина — русский язык.

Мне судьба даровала чужбину,

Слава Богу и неча тужить.

Не размыкать родную кручину,

Только душу свою положить.

Словно Китеж, ты в родину канешь,

Словно песня, ты в небо уйдёшь.

Слово русское ты не обманешь,

Бог велит — вместе с ним пропадёшь.

1996

말을 타고
산골시내를 따라

ВДОЛЬ ГОРНОЙ РЕЧКИ НА КОНЕ

바흐트잔 까나삐야노브
Бахытжан КАНАПЬЯНОВ

말을 타고 산골시내를 따라

말을 타고 산골시내를 따라
호수에서 쉼 없이 산비탈을 오르네.
말안장에 앉아 내 생활양식은
계절에 아주 잘 어울리게 되었네.

말을 타고 산골시내를 따라
투르크족의 기초 언어를
밖에서 내 안으로 되돌려 들여가네,
밤색말의 고른 말굽소리를 들으면서.

잠자리가 날아다니는 걸 이해하곤 했네,
중국 후투티가 날개를 치는 것도.
시내를 지나 마주친 어느 여울에서는
디베트 돌이 가슴에 들어와 박혔어라.

돌들은 옛 글발을 보여주네,
투르크, 티베트, 차가타이족이 남긴 글을.
미래의 종족들이
거기에 새겨진 서사문학에 얽히면서

독수리는 날개로 새겨 넣었구나,
불멸의 한텡그리1) 서사시를.
그리고 준마는 계속 나를 멀리로 데려갔네,
사크족2)에서부터 떠나간 마자르족에게까지.

초원은 수없이 바뀌고 또 바뀌었네,
저 계곡 너머로 또다시 천막집이 보이네.
역사 이전 투르크족들이 지나온
그 오솔길은 결코 끊어지지를 않네.

1) 한텡그리(Хан-Тенгри) : 투르크족들의 세계관에 의하면 한텡그리는 최고의 신으로서 여신인 우마이(Умай)와 에를릭크(Эрлик)과 함께 세상을 창조했다. 이에 따라 한텡그리 신앙이 생겨났는데 여기에 따르면 세계에서 가장 높은 영역에 있는 신 한텡그리는 인간의 운명과 수명을 결정하며 사회에 최상의 권력을 부여하고 행사한다. 한편 중국과 카자흐스탄 사이에 있는 천산산맥 일대는 고대 투르크족들의 주요 분포지였다. 그래서 카자흐인들에게 중국과 국경을 접하고 있는 카자흐스탄 영내 천산산맥의 최고봉인 한텡그리산(해발 6,995미터(얼음 층 포함 7,010미터))은 오래 전부터 최고신의 거처로 받아들여졌다.
2) 사크족(Саки) : 기원 전 10세기 이전부터 카자흐스탄 영토에 존재했던 가장 오래된 선주민 중 하나. 이란어를 쓰는 유목민 또는 반유목민이었다. 현 카자흐 민족의 조상은 기원 전 1세기 경 터키계와 몽골계 종족이 카자흐스탄 영토에 들어와 사크족을 비롯한 선주민들과 섞이면서 시작되었다. 마자르족은 헝가리족을 말한다.

ВДОЛЬ ГОРНОЙ РЕЧКИ НА КОНЕ

Вдоль горной речки на коне
От озера все вверх по склону.
Устроившись в седле — вполне
Устроен быт мой по сезону.

Вдоль горной речки на коне,
Под равномерный шаг гнедого
Я возвращал в себя — извне —
Протюркскую основу слова.

Я понимал полет стрекоз
И взмах китайского удода.
По грудь тибетский камень врос
За речкой где-то там у брода.

Выносят камни письмена
Тюрки, Тибета, Чагатая,
С наскальным эпосом сплетая
На будущие племена.

Крылом вычерчивал орел

Бессмертную поэму Тенгри.

А конь меня все дальше вел

От саков до ушедших венгров.

Не раз сменяется трава,

Вот снова за ущельем юрта.

Не обрывается тропа

Доисторического тюрка.

표식들

아침이슬이 내린 이 돌에서
나는 룬문자[1]의 표식들을 알아보았네.
사키족이 사라진 4세기의 끝,
수직선이 있는 곳에 승리의 여신이 서있구나

양피지가 가죽종이를 대체하였지,
그리고 그 다음은 한지의 시대,
그러나 돌은 영원하여라, 표식들로 보존되느니,
첫 개척자인 마술사들이 새긴 것들로.

이 깃발표식은 가는 길이 잘되리라는 것,
여기 굴곡표식은 옳은 길이라는 뜻.
나는 룬문자의 본질을 이해하였네,
그리고 거기서 하느님의 가르침을 보았네.

---

1) 룬문자 : 북유럽과 브리튼 섬, 스칸디나비아 반도, 아이슬란드의 게르만족이 3세기 무렵부터 16세기(또는 17세기)까지 사용한 문자 체계를 말한다. 룬 문자의 변이형으로는 '헬싱게룬 문자'와 만 섬 룬 문자 및 점자(點字) 룬 문자 등이 있다. 룬 문자로 새겨진 수천 점의 비문과 필사본이 지금까지 남아 있는데 이중 대부분이 스웨덴에서 나왔고, 나머지는 스칸디나비아 반도와 아이슬란드 지방을 비롯해 프랑스·독일·옛 소련을 포함하는 여러 국가들에서 발견되었다.

여기 <И>를 거꾸로 세긴 표식이 있어라,
그건 닫힌 동그라미의 느낌을 사라지게 하지.
그대는 자신의 에너지를 이 문자들에 보존해두라,
이 표식 아래서 질병을 치유할 수 있도록

여기 각도표시가 있어라, 난 여기서 풍경을 보네,
산골짜기 정원에는 서리가 녹지 않았구나.
나는 어린 시절을 기억하지, 어머니는
내가 알지 못하는 털실로 목도리를 뜨고 있었지.

돌에서 별까지 존재하는 마술의 갈드스트라프,2)
거기엔 예배의식의 밤에서 나온 운명의 표식이 보여라.
나는 룬문자를 변호하며 어딘가에 물음을 쓰네,
마음을 치유하는 점자(點字) 룬문자에까지 이르려고.

---

2) 갈드스트라프(Гальдстраф) : 여러 개의 룬문자로 조합된 마술적인 그림

ЗНАКИ

На этом камне, где к утру роса,

Я познавал рунические знаки:

Вот вертикаль, виктория с конца —

Четвертый век — когда исчезли саки.

Сменял пергамент кожный пергамин,

А следом эра рисовой бумаги,

Но камень вечен, знаками храним,

Что высекли первопроходцы-маги.

Вот знак флажка — успешным будет путь,

Вот знак изгиба — верная дорога.

Я постигал рfunическую суть,

И в этом видел я веленье Бога.

Вот знак — как перевернутое «И»,

Он снимет чувство замкнутого круга.

Энергию свою ты им храни,

Под знаком этим выйти из недуга.

Вот знак угла — увижу в нем ландшафт,

В садах на склоне гор не тает иней.

Я вспомню детство: мама вяжет шарф

Из шерстяных мне непонятных линий.

Магический гальдстраф* от камня и до звезд,

В нем виден знак судьбы из ритуальной ночи.

Мне под защиту рун свой занести вопрос,

Преодолеть себя до терапии точек.

* Гальдстраф – магический рисунок в комбинации несколько рун в одном изображении.

마나스치

유목민의 찻잔에서 녹차가 숨을 쉰다,
가마솥에서는 들소고기가 익는다.

아직 세상에 알려지지 않은 마나스치1)는
오늘 밤의 열쇠를 찾아내리라

얼음산에서는 추위가 밀려올지니
온 강이 서사문학으로 거품이 일어라.

산들마저 이 밤에 귀를 기울이는구나,
마나스치가 마술을 부리는 것에.

모닥불은 불꽃들로 사납게 날뛰며
우리의 얼굴에 불길을 퍼뜨리는데

술이 찻잔에 채워진 차와 자리를 바꾸고
가마솥에서는 들소고기가 익는다.

---

1) 마나스치 : 키르기스의 전설적인 영웅 마나스에 대한 서사시를 입말과 노래로 알
리고 전달하는 사람을 일컫는 말. 이들은 7~8세 정도의 어린 나이 때부터 마나
스에 대한 구전 서사시 형태의 영웅담을 배우고 익힌다. 마나스는 키르기스의 전
설적인 용사였는데 나중에 그의 무용담이 인구에 회자되면서 가상의 이야기가 덧
붙여져 신화화되었다. 한편 마나스가 주요인물로 등장하는 키르기스의 구전 서사
시는 세계에서 가장 긴 것으로 알려져 있다.

별빛은 주문으로 꾸며진 장검,
이른 아침 우릴 자리에 눕지 못하게 하리라.

네가 커지면 다른 이들은 작아질 것이니[1]
위대한 사람이 되어라, 어린 마나스치야!

МАНАСЧИ

Чай зеленый дышит в пиале,
Мясо яка варится в котле.

К этой ночи подберет ключи
Миру неизвестный манасчи.

Холодом повеет с ледника,
Эпосом вся пенится река.

Даже горы слушают в ночи
То, о чем колдует манасчи.

---

1) 원문에는 이 구절이 러시아문자로 음역된 키르기스말로 되어 있다.

Искрами безумствует костер,

К нашим лицам пламя распростер.

Чай сменяет водка в пиале,

Мясо яка варится в котле.

Звездный луч — заговоренный меч,

На рассвете нам не даст прилечь.

Чон боласын, баскалар кичи[*],

Будь великим, мальчик манасчи!

---

* Будешь большим, все другие малы (кырг.).

M. T.에게1)

우리 모습 세기에 뚜렷이 박혔구나
하나의 투르크 뿌리로부터.
우리 기억 속의 예민한 말무리들이
서사문학을 지나 시가 되어 나타난다.

나는 기장 한 줌으로 별을 뿌렸다,
창끝 위에서는 새들의 하늘길이 빛났다.
하나의 투르크 본향으로부터
만물이 천막이 되어 우리에게 나타났어라.

유라시아 세상의 길을 익혀나가니,
창공이 초원의 손바닥 위에 떠있구나.
한텡그리로부터 파미르고원까지
이스탄불과 다마스쿠스와 카이로까지
그리고 북쪽으로는 제 3로마2)까지
하나의 쇠사슬의 고리를 튼튼히 잇는다.

---

1) M. T.(미르조 뚜르쑨-자데 Мирзо Турсун-заде, 1911~1977) : 소비에트시대 타지키스탄의 저명한 시인. 타지키스탄 인민시인. 레닌상 및 스탈린상 수상자. 그는 러시아어와 타지크어로 작품을 썼다.
2) 제 3로마 : 러시아의 종교사적, 정치적 이념에서 나온 개념으로 모스크바를 가리킨다. 이는 예전의 모스크바 공국이 기독교의 정통성과 로마제국의 영광을 제 1로마(유럽의 로마)와 제 2로마(비잔티움)를 거쳐 마지막으로 계승, 보존해오고 있다는 것으로서 러시아 메시아사상의 핵심을 이루고 있다.1

성스러운 피라미드의 비밀 원칙,
내면에는 태양의 눈 같은 신념.
알려지지 않은 세계의 인체방사선들을
유능한 안내자들이 해설해주리라
우리의 달력을 스스로 만들어내면서.

М. Т.

Из единого тюркского корня

Отчеканен наш образ в веках.

Нашей памяти чуткие кони

Проступают сквозь эпос в стихах.

Горстью проса я звезды посеял,

Птичий путь воссиял над копьем.

Из единого тюркского эля

Нам Вселенная вышла шатром.

Торим путь евразийского мира,

Свод небес над ладонью степи.

От Хан-Тенгри до крыши Памира,

До Стамбула, Дамаска, Каира,

И на север до Третьего Рима
Крепим звенья единой цепи.

Тайный принцип святой пирамиды,
Солнцеглазая вера внутри.
Неизвестные миру флюиды
Растолкуют ученые гиды,
Конспектируя календари.

살구나무와 은백양나무

살구나무에 잎이 나기도 전에 꽃이 피었다.
피라미드모양의 은백양나무가 높은 곳에서
　비웃었다:
- 추위가 오기만 하면, 너의 달콤한 열매들을
　사람들은 보지도 못할 것이다.
짙은 분홍 꽃에 파묻혀
　살구나무는 침울하게 침묵을 지켰다.
며칠 후 추위가 시작되었다
　그리고 어느 날 아침 살구나무가 은백양나무에게 대답했다:
- 네가 옳을 수도 있다,
　사람들이 내 열매의 맛을 못 볼 수도 있다,
　그러나 그들은 봄을 느꼈다
　여느 때보다도 더 일찍.
　내 꽃들은
　사람들의 눈에서 산다,
　그들이 기나긴 겨울 추위에 떨다 지쳤기 때문에.
이렇게 살구나무가 대답했다.
　그러나 은백양나무는 그 말을 듣지 않았다. 그럴 시간이 없었다.
　그는 벌써 하얀 솜을 도시의 길 위로 퍼뜨리기 시작했다.

УРЮК И ТОПОЛЬ

Урюк расцвел раньше, чем распустились листья.

Пирамидальный тополь с высоты своего роста

усмехнулся:

— Ударят заморозки, и людям не видать

твоих сладких плодов.

Урюк угрюмо молчал,

погруженный в розовую пелену цветов.

Через несколько дней ударили заморозки.

И однажды утром урюк ответил тополю:

— Возможно, ты и прав,

Люди не познают вкуса моих плодов.

Но они почувствовали весну

раньше обычного.

Цветы мои

живут в глазах людей,

ибо устали они зябнуть в холоде долгой зимы.

Так говорил урюк.

Но тополь не слушал его. Ему было некогда.

Он уже пускал белый пух на мостовые города.

지도

  깊은 밤, 벽에 걸려있던 지도가 잠자던 소년에게 떨어져 다양한 색깔의 나라와 대륙들 아래서 세계의 파도마냥 그의 온 몸을 덮었다. 남극대륙을 표시하는 하얀 줄들도 그의 꿈을 빙하로 차갑게 만들지 않았다.

  고비사막은 외치는 낙타의 울음소리로 그를 불렀다.

  캥거루들은 호주의 원시 숲속으로 그를 이끌었다.

  재빠른 침팬지들은 덩굴에 매달리며 헤쳐 나갈 수 없는 정글로 그를 불렀다.

  즐거운 돌고래들은 그에게 대양산책을 나가자고 젖은 잔등을 내밀었다.

  초원의 말떼들은 대낮의 무더위를 지나 샘으로 소년을 데려갔다.

  커다란 코끼리들은 애착의 표시로 그에게 코를 내밀었다.

  대륙의 기슭들은 해변의 파도로 사내아이의 꿈을 쓰다듬어주었다.

  그리고 나라와 백성들 사이에는 국경이 없었다. 또 여러 나라의 말들도 조용해진다, 이 땅의 사람들이 히말라야 제일 높은 봉우리에 기대어 사내아이가 자는 것을 보았기 때문이다.

  그리고 오직 철새들의 울음소리가 이른 아침 초등학교 1학년에 입학하는 소년을 깨웠다.

КАРТА

На спящего мальчика среди ночи упала карта, висевшая на стене, и полностью накрыла, словномировой волной, мальчика, который продолжал спать под разноцветными странами и континентами.

Даже белоснежные полюса не холодили его сон своими ледниками.

Пустыня Гоби окликала его призывным ревом верблюдов.

Австралийские кенгуру увлекали его в первозданные леса Австралии.

Юркие шимпанзе, цепляясь за лианы, манили мальчика в непроходимые, джунгли.

Веселые дельфины подставляли ему свои мокрые спины для прогулки, в океане.

Табуны степных лошадей уводили мальчика на свой водопой после полуденной жары.

Громадные слоны протягивали ему хоботы в знак своей привязанности к мальчику.

Берега континентов и материков ласкали сон мальчика своей прибрежной волной.

И не было границ между странами и народами. И разно-язычный говор людей смолкал, ибо видели люди земли, как спит мальчик, облокотившись на самую высокую вершину Джомолунгму.

И только голоса перелетных птиц разбудили мальчика, которому надо было идти этим утром в первый класс.

모래시계

　모래시계는 운명의 깔때기를 통해 지구상의 존재를 고른 흐름으로 내리게 한다.

　모래언덕 사이에 간석지와 우리시대의 점토지대 영혼들이 가물어 다 갈라져 희어진 곳들이 있다.

　싹사울[1]숲의 끝은 모래의 수평선과 맞붙고 바다가 있어야 되는 곳에 다섯 손가락처럼 생긴 가지가 하늘로 뻗는다.

　모래바람에 쫓기는 낙타가시풀숲은 보이면서도 안 보이는 바다로 인생의 가치를 안고 떠난다.

　몸통에 울퉁불퉁한 고리들과 잔등에 비늘이 붙어있는 옛 도마뱀부터 현대의 악어모습까지 모두 지닌 큰 도마뱀이 꿈의 신기루에 빠진다.

　– 바다로 가자! – 끝이 두 개로 갈라진 혀를 내보이며 아가리를 귀밑까지 크게 벌리고 큰 도마뱀은 또다시 노래를 부르며 손짓하는 모래언덕 쪽으로 딜러갔다.

　모래시계는 운명의 깔때기를 통해 지구상의 존재를 고른 흐름으로 내리게 한다, 다시 또다시 희미하고 원하는 바다로 가는 오래된 길을 수평선 너머로 더 멀어지게 하면서.

---

1) 싹사울 : 중앙아시아 사막이나 염지에서 자라는 무엽수의 이름

ПЕСОЧНЫЕ ЧАСЫ

Песочные часы мерной струйкой несут сквозь воронку судьбы песчинки земного бытия.

Между песчаными холмами событий кое-где белеют потрескавшиеся от засухи души солончаки и такыры нашего времени.

Заросли саксаула тянут свои пятипалые кисти к небу, чьи края смыкаются с горизонтом песка, там, где должно быть море.

Кустики верблюжьей колючки, подгоняемые песчаным ветром, уносят в своих шарах смысл жизни, уносят к видимо-невидимому морю.

Мираж мечты влечет варана, чьи бугристые кольца туловища и чешуйчатая поверхность спины вобрали в себя образы от ящера древности до крокодила современности.

— К морю! — разинул до ушей пасть, выбрасывая раздвоенный на конце язык, варан и вновь двинулся в сторону поющего и манящего бархана.

Песочные часы мерной струйкой несут сквозь воронку судьбы песчинки земного бытия, вновь и вновь отдаляя за горизонт древний путь к призрачному, желанному морю.

구름이 지나간다

기차에서 나오면 온통 초원이다.

지구 끝에는 구름이 있고 또 구름들이 내려앉아있다.

그리고 이 지구 끝을 파랗도록 들어올린다,

아들과 함께 하는 전철수(轉轍手), 삼각편대 두루미 떼와 말없는
　　마멋,

하나로 연결되었고 유익하구나, 누구하고나 다 함께 있구나.

오, 바람이여, 돛이여, 주여, 무엇을 향해 부는가?

쑥의 쓴 맛을 들이키며 나는 언덕을 지나 사라지리라.

그리고 바람은 기장 한 줌을 날리듯 생각들을 하늘로 날려버리리
　　라,

여러 세기가 된 박식한 생각의 무리들이 떠돌아다닌다.

— 스키타이인들이여, 말 한 마디를 법이 되게 하는 사람을 보려
　　면 서두르라!

바람이 허무의 외침을 들려주고 족쇄들이 벗겨진다.

---

1) 야로슬라브나의 애가(哀歌)(Плач Ярославны) : 이는 12세기에 러시아에서 무명의
저자가 지은 서사시 『이고레브의 전쟁출정에 대한 이야기(Слово о полку Игореве)』
에서 유래한다. 러시아의 공작 이고리(Игорь)란 사람이 자국의 안위를 위협하는 볼
가강 너머 뽈로베쯔인(11~13세기에 남러시아를 누비고 다닌 터키족 일파)들을 무
찌르고자 자기 휘하의 군인들을 이끌고 전투에 나갔다가 그들의 포로가 되었는데
그 소식을 들은 그의 아내 야로슬라브나가 날마다 성벽에 올라가 슬피 울면서 남편
을 그리는 내용의 이야기다. 야로슬라브나의 애가는 러시아문학의 기념비적 출발이
며 충실성과 사랑을 상징한다.

땅은 옛날의 풀이 되어 울고 열차레일은 울음소리를 심연으로 데
　려간다.

즐거운 새들은 침목에 앉는다 그리고 죽는다.

나는 왼쪽으로 가며 심장의 고동소리를 듣는다.

오른쪽으로 건너가면 돌조각이 그릇을 들고 잠을 잔다.

그리고 나는 손바닥을 새 날개 접듯 붙인다 그리고 인생의 손금을
손바닥에서 본다 아리아드네의 실2)을 태어날 때부터 보존해온 듯이.

ПЛЫВУТ ОБЛАКА

"О ветер, ветрило, чему, господине,
веешь навстречу?"
Плач Ярославны

Выйду из поезда — степь на все стороны света.

И — на земные края облака, облака оседают

И до синевы приподнимают эти земные края,

Стрелочник с сыном, клин журавлиный и молчаливый сурок,

Связи едины, незаменимы — вместе и в каждом живут.

О ветер, ветрило, чему, господине, веешь навстречу?

---

2) 아리아드네의 실 : 고대 그리스 신화에 나오는 실. 아테네의 영웅 테세우스가 매년
　　공물로 바쳐지는 아테네의 미소년, 미소녀들을 잡아먹는 미노스의 괴물 미노타우로
　　스를 죽이려고 미궁으로 들어갔는데 그에게 연정을 느낀 미노스의 공주 아리아드
　　네가 그에게 실 끝을 붙잡고 들어가도록 하고 자신은 그 실 뭉치를 쥐고 기다려주
　　어 테세우스가 무사히 미궁을 빠져나오게 만들어 주었다는 내용의 이야기다.

Горькую горечь джусана вдыхая, кану я за холмом.

И ветер развеет, как горсточку проса, мысли в пространстве,

Многовековая странствует стая — крылатые мысли.

— Скифы, спешите видеть того, чье слово было законом! —

Ветер возгласы носит из небытия, пали оковы.

Земля плачет древней травою, рельсы плач в бездну уводят.

Веселые птицы садятся на шпалы — и умирают.

По левую сторону я ухожу — и слышу стук сердца.

На правую сторону перехожу — спит балбала[1] с чашей.

И птичьим крылом я ладони сложу — и линию жизни

Вижу в ладони — будто с рожденья храню нить Ариадны.

---

1) Каменное изваяние.

변형들

주단무늬에는 아라비아 책에 그려진 무슨 문양인가가 있구나,

그리고 다 끊어진 관계들이 후대로 내려와서야 기억난다,

또 위대한 비단길의 도시들은 지워지지 않았어라,

회교도 탁발승도 모닥불 앞에 있다, 그의 눈에서 별이 미역을 감
는다.

세기의 주단무늬로 연결의 실이 지나갔다

무늬를 지나면 콘크리트 장벽이 있는 듯하여라.

아버지의 일기장을 보며 나는 라틴어자모의 쓴 맛을 느낀다,

그리고 아편마냥 나는 처음 5년의 넋을 받아들인다.

굶주림으로 절반의 마을이 사라지고 모든 친척이 멸족하리라.

할아버지는 채찍을 세상에 흔들고 마지막 말을 집단농장에 바친다

초원의 임시건물에는 공민증도 없는 이 나라 국민들이 차갑게 얼
어간다,

새로운 세계대전까지 4년밖에 남지 않았을 때에.

찌르는 줄을 붙잡으며 떠돌뱅이 풀이 달려간다,

알지르와 까를라그1)를 따라 광산에서 원자의 세기가 시작된다.

1986

---

1) 알지르(АЛЖИР)와 까를라그(Карлаг) : 소련정권에 의해 카자흐스탄에 세워져 운영
된 악명 높은 정치범 수용소. 알지르((АЛЖИР – Акмолинский Лагерь Жён Измен-
ников Родины))는 스탈린 시대에 국가를 배신한 남편을 둔 아내들을 가두어둔
수용소로서 아크몰라 주에 있었고, 까를라그(Карлаг)는 일반 정치범 수용소로서
1930~1959년 카라간다 주에 세워져 운영되었다.

МЕТАМОРФОЗЫ

В орнаменте ковра есть что-то от арабской книжной вязи,

И в памяти встают потомками разорванные связи,

И на Великом шелковом пути не стерты города,

И дервиш у костра, купается в глазах его звезда.

Орнаментом ковра эпох связующая нить проведена —

Как будто за орнаментом бетонная раздвинута стена.

По дневникам отца я букв латинских горечь ощущаю,

И словно опиум — дух первых пятилеток я впитаю.

От голода исчезнет пол-аула и вымрет вся родня.

Камчой на мир взмахнув, последнего в колхоз дед отдает коня.

В степных бараках стынут беспаспортные граждане страны,

Когда всего четыре года до новой мировой войны.

За проволоку колючую цепляясь, рвется эбелек*,

Вслед Алжиру и Карлагу атомный встает из шахты век.

1986 г.

---

* Перекати-поле.

스스로를 암스테르담2)의 한 부분으로 느낀다,
나는 거기서 떠돌이 미술가로 살아가지.
렘브란트3)의 여인이 내게 커피를 가져다준다,
밤마다 만남을 성사시키는 그녀가.

방 한 개와 요트의 갑판을 세 내어
나는 매번 수로를 따라 움직인다.
그러면 루벤스4)의 여주인공이 당직을 서며
마지막 시간에 날 용서해주리라.

그리고 물방아를 유산으로 남겨
난 그걸 거친 마포에 담았어라.
피터 브뤼겔5)이 내게 알려준 방법을 알고 나니
다른 창조물의 비밀은 아무것도 아니어라.

---

1) 바흐트 껜제예브(Бахыт Кенжеев) : 카자흐스탄의 현대시인. 오래 전에 캐나다로
   이주해 살고 있다. 그는 지난 1986년 이 시의 저자가 쓴 시 <잊어버린 내 어린
   시절의 언어>가 정치가들로부터 카자흐인에게 민족의식을 고취시킨다는 비판을
   받고 출판되지 못했을 때 캐나다에서 라디오방송을 통해 이 시를 낭송한 바 있다.
2) 암스테르담 : 네덜란드 서부에 있는 항구도시, 네덜란드의 수도
3) 렘브란트(Rembrandt Harmenszoom van Rijn, 1606~1669) : 네덜란드의 화가.
   유화, 소묘, 에칭 등 다양한 분야에 통달한 미술계의 거장이다.
4) 루벤스(Peter Paul Rubens, 1577~1640) : 플랑드르의 위대한 화가
5) 피터 브뤼겔(Pieter Bruegel d. Ae, 1528~1569) : 플랑드르의 화가

도시가 보여준 역할에 감사하며 난
안트베르펜6)으로 갈 때가 됐고 짐은 많지 않다…
중세기의 소금을 길가에 뿌렸더니
금화가 새 모양이 되어 하늘로 날아간다.

6) 안트베르펜 : 벨기에 북서부에 있는 이 나라 최고의 무역항

Бахыту Кенжееву

Себя я чувствую частицей Амстердама,

В нем уличным художником живу.

Мне кофе подает рембрандтовская дама,

Что по ночам ведет на рандеву.

Снимаю комнату и палубу на яхте,

Перемещаюсь по каналам всякий раз.

И героиня Рубенса на вахте

Помилует меня в последний час.

И ветряную мельницу в наследство

На грубом я запечатлел холсте.

Мне Питер Брейгель дал такое средство,

Что все секреты творчества — не те.

Спасибо городу за сыгранную роль,

Мне в Антверпен пора, багаж мой скуден...

Рассыпал по пути средневековья соль,

Чеканкой птиц взлетает в небо гульден.

거무스레한 달의 울음소리

원폭 지하폭발실험 전의 밤은 슬픔에 잠겨있음을 안다.
폭발을 앞둔 밤에는 거무스레한 달이 우는 것을 본다.
금 같은 달의 눈물들은 방사성의 낟가리에 떨어지고
다른 기슭에 있는 마을은 X-ray에 찍힌 모습으로 비친다.
데겔렌 산속에서는 굴 안의 죽음이 보이는데
방사선의 눈이 통행금지구역 밖에 놓여있다.
땅에 쥐가 났는가 아니면 사람의 신음소린가?
이건 신화도 서사문학도 아니다, 이것은 바로 핵실험장이다.
그렇다, 체르노빌이 심장에 가깝구나, 난 거기서 죽은 집들을 보았다,
목동의 개처럼 고향언덕에서 별을 바라보며 울 수만 있다면,
그러면서도 제발 미치지는 않았으면.

세미팔라틴스크의 핵실험장, 꾸르차또브 시. *1989.*

ПЛАЧ СМУГЛОЙ ЛУНЫ

Ночь перед взрывом подземным, знаю, что скорби полна.

В ночь перед взрывом я вижу — смуглая плачет луна.

Слезы ее золотые в радиоактивном стогу.

Как на рентгеновском снимке аул, что на том берегу.

В недрах горы Дегелена смерть из туннеля сквозит.

Снег радиации пеплом вне зоны запретной лежит.

Землю ли судорога сводит, иль человеческий стон? —

Это не миф и не эпос, это и есть полигон.

Да, близок был сердцу Чернобыль, в нем мертвые видел дома,

Чабанскою псиною взвыть бы на звезды с родного холма.

И — не сойти с ума.

г. Курчатов, Семипалатинский полигон. *1989. г.* 

뉴욕은 사과로 숨을 쉰다,
낙원의 거래를 예언한다.
조용해지지 않는 밤의
그칠 줄 모르는 흥정

바가 사회급양자가 되었구나
삽처럼 생긴 이웃집들 식으로.
거지가 소형녹음기를 들고 앉아
구리의 음악을 듣는다.

내가 게으르게 내 몫을 버리자
그는 간사하게 미소 짓는다.
풀냄새가 난다,
꽃가루가
카카오와 섞여서.

Яблоком дышит Нью-Йорк,

Райскую сделку пророчит.

Незатихающий торг

Неутихающей ночи.

Бар превращен в общепит

В духе совковых соседей.

С плеером нищий сидит,

Слушает музыку меди.

Кину я квотер с ленцой,

Он усмехнется лукаво.

Травкою пахнет,

Пыльцой

С примесями какао.

낮엔 시냇물소리가 나지 않는다,
밤에는 언제나 잘 들리지만.
그래서 그 소릴 들으려고
거무스레한 달이 흘러온다.

가지 많은 솔 옆을 흐르는 시냇물
달빛을 흔들어놓는다…
아침이 오니 골짜기 곁에는
달도 메아리도 없어라.

Днем не слышно горной речки,
По ночам она слышна,
И ее послушать речи
Смуглая плывет луна.

Речка у ветвистой ели
Расплескала лунный свет…
А к утру вблизи ущелья
Ни луны, ни эха нет.

컴퓨터 투우

하느님 아닌 황소가 우리 사색과 무슨 상관인가,
또 하느님은 무슨 상관인가, 제길, 그도 상관없지.
나는 시간의 마차에 숫자를 통해
또다시 마술의 태엽을 감는다.

놀이를 반복하면 안 볼 수 없는 거짓어릿광대
이제 황소의 시간이 왔다
바로 정적의 시간이 왔다.
지금 화면에 보이는 나의 사이버세계는
악마의 표식 아래서 웅변을 토한다.

КОМПЬЮТОДОР

Причем здесь бык вне Бога наших мыслей,
Причем здесь Бог, увы, он ни при чем.
Я колесницу времени сквозь числа
Вновь завожу магическим ключом.

Не избежать мне фарса при повторе.
Вот час быка,
Вот время тишины.
Мой виртуальный мир, что в мониторе,
Витийствует под знаком сатаны.

흐르는 물

БЕГУЩАЯ ВОДА

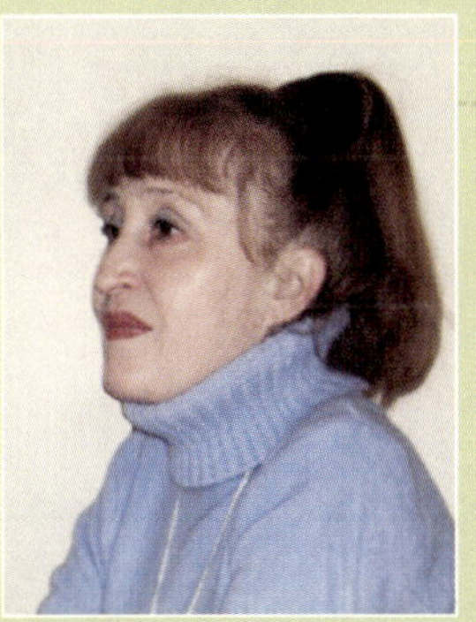

나제즈다 체르노바
Надежда ЧЕРНОВА

인생이 짧을수록 말은 길고
존재의 줄거리도 확장된다.
삶에는 끝이 있지.
영원성에 대하여 난 삶과
아직 합의에 이르지 못했다.

삶이 환한 꽃으로 떠올랐구나,
제 향기를 숨기지 않은 채
어둠에서 찰나의 모습으로!
내 것이지만 또 내 것이 아닌 것
봄철의 은방울꽃마냥
부서지기 쉬운 순결함이여

Чем жизнь короче – тем слова длиннее,

Пространнее сюжеты бытия.

Уходит жизнь.

Нет, не сумела я

О вечности договориться с нею.

Цветком во тьме взошла она, белея,

Свое благоуханье не тая.

Мгновенная!

Моя – и не моя:

Весенний ландыш,

Хрупкая лелея.

이주자들

우리는 떠나왔노라 …
척박한 들판과 오두막,
빛바랜 토벽농가에서 떠나왔노라,
하늘에 용서받지 못할 죄를 진
떠난 자들은 영원한 죄인이라네.

터벅터벅 초라한 짐수레를 끌던
동방의 우울한 황소들
길바닥에서 휘날리는 먼지
유물난로들의 재 가루
또 그리움이 사무치는 노랫가락아

남러시아를 뒤덮은 하늘도
멀리 분묘들이 보이는 쿠르간초원도
나 이제 돌아보지 않노라.
잃어버린 땅을 되찾을 수는 없느니.

마른 쇠똥 타는 연기 오르는 천막에서도
돔브라[1]소리 냇물처럼 흐르는 곳에서도

---

1) 돔브라 : 중앙아시아 전통 2현악기

우린 타인들의 이방인, 또 제 무리에게서조차
제 사람 되지 못한 우린 그 누구도 아니어라!

대아시아가 우리에게 말하는구나,
그대들은 이미 러시아사람이 되었다고.
그러자 상심한 러시아가 대답하네,
그대들에게는 대아시아의 흔적이 너무 많다고.

그대들은 웃음도 노래도 다르구나,
그대들 눈에는 어둠이 가득 차 있구나.
언젠가 그대들의 뼈가 부서지면
타인의 유골이 되어 집으로 돌아갈 것이리.

ПЕРЕСЕЛЕНЦЫ

Мы ушли ...

От пашни истощенной,

От беленых мазанок, от хат,

От вины пред небом, непрощенной:

Кто уходит — вечно виноват.

Волокли убогую поклажу

На Восток унылые быки:

Пыль дорог,

Печей родимых сажу,

Да напевы, полные тоски.

То же небо, что над южной Русью,

Та же степь, с курганами вдали,

Но теперь уже не оглянусь я,

Не найду потерянной земли.

Среди этих юрт в кизячном дыме,

Где рокочут домбры, как ручьи,

Мы чужим — чужие, но своими

И своим не стали. Мы — ничьи!

Говорит нам Азия большая:

Вы остались русские душой.

Говорит Россия, сокрушаясь:

Много в вас от Азии большой.

Вы не так смеетесь и поете,

Ваши очи напоены тьмой.

Вот когда костями перетрете

Чужий прах — воротитесь домой...

흐르는 물

흐르는 물과 같은 나의 삶아
너도 다른 이들처럼 갈피를 잡지 못하느냐
세월은 빨리도 흐르고
순간은 스치며 날아가느니
다만 내게는 물가만이 어른거리네,
새싹 싱싱하게 자라나던 그곳

아버지 살아계실 적 강기슭에서
물고기 낚으시던 곳
낚싯대 활처럼 휘어져
살아 숨 쉬는 존재처럼 꿈틀거리고
푸른 갈대를 흔들며
냇물 위를 흘러가던 구름

유령 같은 지난 순간들의 새떼
봄이 오니 이곳으로 날아드는구나.
오직 나만 홀로 흐르는 물과 같아
마냥 흐르고 흘러가네,
멈춰서기를 두려워하면서.

БЕГУЩАЯ ВОДА

Жизнь моя — бегущая вода,

Как у всех живущих — в никуда.

Дни летят,

Мгновенья пролетают,

Только берега мои мелькают,

Где трава свежа и молода.

Где живой отец на берегу

Ловит рыбу.

        Выгнулась в дугу

Удочка, трепещет, как живая.

Где качают синюю кугу

Облака,

        над речкой проплывая.

По весне слетаются сюда

Дней минувших призрачные птицы.

Только я — бегущая вода,

Все бегу,

        боясь остановиться.

나의 삶

난 하느님께 아무 것도 바라지 않네,
그분의 자비로 만물이 존재하니까.
나의 삶은 슬프고 가난하여라
고통으로 살아가는 여느 사람들처럼

초원의 먼지, 나리새 모양의 파도야
인생길은 열릴 때도, 닫힐 때도 있지
삶은 하느님의 눈물이 되어
시달리는 땅의 얼굴로 흐르는구나.

많이도 걷고 마지막 실오리까지 살아
이젠 혈육의 뿌리조차 기억나지 않아라,
그러니 달팽이가 부러워라,
그는 늘 고향집과 같이 있지 않은가

산호들이 자라나는 하늘을 보네,
저 높은 곳에선 이곳과 다른 빛이 비치네.
꿈속에 하늘의 성가가 울리고
평화, 또 고요한 수도원들도 보이네.

세월로도 헤아릴 수 없는 옛날 책
거기 쓰인 언어에 이슬방울로 성유를 바르네.
살아 숨 쉬고 꿀맛 나는 글줄 위에서
꿀벌들이 맴돌고 사람이 울어라.

사랑도 복수의 기쁨도
넌 이제 아무 것도 원하지 않는구나.
세속의 악과 허망으로부터
오직 정결과 정화만을 바랄뿐

ЖИЗНЬ МОЯ

Ничего я не прошу у Бога —
Все, что есть, то от его щедрот.
Жизнь моя печальна и убога,
Как у всех, кто страждет и живет.

То ей — путь, то — снова бездорожье,
Пыль степная, волны-ковыли.
Катится она слезою божьей
По щеке измученной земли.

Прогулялась, прожилась до нитки
И не помнит родственных корней,
Потому завидует улитке,
Ведь родимый дом всегда при ней.

Смотрит в небо, где растут кораллы,
Льется свет нездешний с высоты.
Снятся ей небесные хоралы
И покой, и тихие скиты.

Мироточит Слово каплей росной
В древних книгах — им не мерян век.
Над строкой живой и медоносной
Вьются пчелы, плачет человек.

Ни любви, ни радости отмщенья —
Ничего уже не хочешь ты,
Кроме чистоты и очищенья
От мирского зла и суеты.

이렇게, 살면서 사람을 사랑하네
이는 하느님이 그대에게 내리는 축복
이 세기가 끝날 때까지 오직 이것만으로
세상에서 살 준비가 되어있네.

허나 마음엔 그런 사랑 필요 없어라
마음은 이루어지지 않은 걸 찾고 있으니
이 세상 것이 아닌 조화의 메아리가
또다시 음악으로 깊숙이 파고드네.

풀 베는 곳 위를 날아가는 이 빛,
두루미 떼가 끌어가는 실오리,
여러 소리로 이루어진 줄로도 잡을 수 없고
인간의 언어에 담을 수도 없구나.

그것은 아침연기보다 가볍고
붉은 갈대에 붙어있는 솜털보다도 가벼워
그 누구와도 나눌 수 없이라.
그건 바로 마음에 필요한 행복

Вот живешь и любишь человека —
В том тебе от Бога благодать —
И готова до скончанья века
С ним одним на свете вековать.

Но душе такой любви не надо —
Она ищет то, что не сбылось:
Отголоски неземного лада
Вновь пронзают музыкой насквозь.

Этот свет, летящий над покосом,
Журавлиную держащий нить,
Не поймать струной многоголосой
И в людское слово не вместить.

Оно легче утреннего дыма
И пушинки в красном камыше,
И ни с кем оно не разделимо,
Это счастье,

       нужное душе.

꼬르꾸뜨[1]

💜 1

사람은 누구나 죽고 모든 것에는 종말이 있지,
그런데 한 가수는 죽음을 이겨내고자 하였네.

그는 이마에 흐르는 땀을 씻으며 말했네,
"내가 노래하는 동안 죽음은 날 데려가지 않으리라."

그리고 그는 하늘의 불같이 황금빛 나는
야생마를 몰고 북쪽으로 달렸네.

눈으로 덮인 새하얀 평원 위에서
한 사람이 언 땅을 파고 있었네.

---

1) 꼬르꾸뜨(Коркут) : 투르크족늘 신화에 나오는 선인적인 인물. 카자흐 식으로 변형된 꼬르꾸뜨 신화에 의하면 그는 카자흐 최초의 샤먼(예언자)이자 샤먼의 보호자이며 가수(시인)다. 또한 그는 카자흐 전통현악기 코브즈의 발명가이기도 하다. 카자흐신화에 나오는 꼬르꾸뜨 이야기에 따르면, 그는 어느 날 사람들이 자기의 묘지를 파는 꿈을 꾸자 죽음을 피하기 위해 멀리 달아난다. 하지만 같은 꿈이 다시 찾아와 그를 괴롭히고 그는 또 달아난다. 그러기를 여러 차례 반복하다가 그는 죽음이 오직 땅에서만 자기를 노리고 있다는 판단이 들어 물로 도망가면 살 수 있겠다고 생각하고 카자흐스탄 서쪽을 흐르는 씌르다리야 강 위에 이불을 펴고 거기 서서 밤낮 없이 코브즈를 연주한다. 그러다 지쳐 쓰러져 잠이 들었는데 그만 전갈(또는 뱀)에게 발을 물려 죽고 만다. 그가 죽자 친구들은 그의 시신을 고이 묻어주고 묘 위에 그가 연주하던 현악기 코브즈를 올려놓았다. 그러자 그 악기는 저절로 울리기 시작했다. 그렇게 묘 위에 놓인 코브즈 소리는 오랜 세월동안 울렸다. 사람들은 꼬르꾸뜨의 영혼이 내려와 그 악기를 연주하는 것이라고 말한다.

"이보시오, 무얼 파고 있소?" 그가 묻자
우울한 대답소리 "가수의 묘지를 파고 있지요!"

너무 놀란 나그네는 말을 다그쳤네,
그는 제 운명을 한탄하며 남쪽으로 내달렸네.

북녘의 눈보라를 빠져나오며 숨이 멎을 듯이 노랠 불렀네,
남녘이 열풍으로 타오르기 전까지.

모래를 파던 얼굴 거무스레한 늙은이
말에서 내리는 이방인을 도와주었네.

"노인어른, 날도 밝지 않은데 무얼 파고계십니까?"
"가수의 묘지를 파고 있다오 …" 그가 공손히 대답했네.

길도 없는 곳, 가수는 곧바로 말을 타고
거룩한 동쪽을 향해 달려 나갔네.

초승달이 흔들리고 노을이 졌네, 그는
뜻 없이 악기 줄에 눈물을 흘린 것이 아니었네.

그리고 노래가 모조리 타버린 순간
동방의 분묘에서 둥근 지붕들이 솟아올랐네.

세기의 쇄석에 부딪치는 삽 소리가 들렸네.
"젊은이들이 무얼 파고 있습니까?" 늙은이들에게 물었네.

그들은 주춤거리다 마침내 대답해주었네,
“가수의 묘지를 파고 있다오. 혹시 당신이 가수가 아니오?”

대답에 격분하여 그는 관습도 무시하고
채찍을 휘두르며 그 천리안들에게서 달아났네.

말발굽 자취마다 회오리바람이 일고
화살들은 양가죽 방패를 할퀴었네.

그는 소나무 향기 따라 서쪽으로 달렸네.
이미 솔숲 너머로 분묘들이 보이네.

파헤쳐지는 구덩이에서 검은 흙이 날리고
거기는 가수가 영원히 안식할 곳

고리가 막혔구나. 구원의 길은 그 어디에도 없구나.
운명이 결정된 그는 물소리 나는 곳으로 도망쳤네.

폭풍의 예보자 바다제비가 파도로 자맥질하며 소리치고
분노한 바람이 악기 줄을 끊었네.

검은 소나기 아래 날아오는 불화살들 사이에서
그는 짠 물을 삼키며 노래를 불렀네.

아, 그런데 분노한 물살이 갈라져 길을 터주었구나.
“이것이 무엇이오?”, “당신의 묘지라오 …”

소용돌이가 닫히면서 오직 하나
악기 줄만 고요한 파도 위에서 흔들리네.

그리고 그 깨끗한 울림이 심장을 건드렸네.
"누가 이 세상을 놓고 우는가?"
"바로 불멸의 가수라오!"

❤ 2

… 그리고 와서 문턱에 서니
한 여인이 모든 자태를 드러내놓고 서있네.
헝클어진 머리채에 가시밭 어둠
또 게다가 다리까지 절었구나!

그녀는 인생을 찬양하거나 저주하지도 않고
시인에게 아무 것도 구걸하지 않았네,
그냥 두 개의 빵을 구웠을 뿐
초원의 여름처럼 뜨거운 두 개의 빵을.

시인은 임종의 고통에서 알았네,
손으로 떼어내던 악기 줄의 신음소리를,
여인의 울음소리와 아마포의 시원함을,
파도에 밀려가는
                    모래소리를 …

사랑의 순간에 죽음이 우릴 찾아온다네,
마음이 완성되는 바로 그 순간에.

КОРКУТ

1.

Все смертны на свете — всему есть предел,
Но гибель певец переспорить хотел.

Стряхнул он со лба расслабляющий пот:
«Пока я пою — меня смерть не возьмет!»

И вот, золотой как небесный огонь,
На север понес непокорного конь.

На белой равнине, укутанной в снег,
Промерзлую землю долбил человек.

«Что долбишь, работник?» — скользнул по лицу.
Тот хмуро ответил: «Могилу певцу!»

И в ужасе странник пришпорил коня.
Он к югу помчался, удел свой кляня.

Он пел, задыхаясь от северных вьюг,
Пока не обжег суховеями юг.

Старик смуглокожий, копавший песок,
Спуститься с коня чужеземцу помог.

«Что роешь, отец, поднимаясь чуть свет?» —
«Могилу певцу ...» — был смиренный ответ.

Вскочив на коня, напрямик, без дорог
Помчался певец на священный восток.

И месяц качался, и меркла заря,
И слезы катились на струны не зря.

И в миг, когда песня сгорела дотла,
Восточных мазаров взошли купола.

Звенели лопаты о щебень веков.
«Что юноши роют?» — спросил стариков.

Помедлив с ответом, рекли, наконец:
«Могилу певцу. Уж не ты ли — певец?»

Нарушив обычай, ответом взбешен,
Кнутом отходил ясновидящих он.

И смерти катились по следу копыт.
И стрелы шевровый царапали щит.

Он мчался на запад, на запах сосны.
Уже за лесами курганы видны.

Из начатой ямы летит чернозем —
Навеки певец успокоится в нем.

Замкнулось кольцо. Нет спасенья нигде.
Бежал обреченный к гудящей воде.

Кричал буревестник, ныряя в волну,
Взбесившимся ветром порвало струну.

Под черной грозою, средь огненных стрел,
Соленую воду глотая, он пел.

Но гневной воды расступились края.
«Что это такое? — «Могила твоя …»

Сомкнулись пучина, и только одна
На стихнувших волнах качалась струна.

И звон ее чистый касался сердец.
«Кто плачет над миром?» —
«Бессмертный певец!»

♥ 2.

... И пришла, и встала у порога

Женщина во всей своей красе:

Тьма колючек в спутанной косе

Да еще вдобавок — хромонога!

Не хвалила жизнь и не кляла,

Не просила ни о чем поэта —

Просто две лепешки испекла,

Две, горячих, как степное лето.

И узнал поэт в предсмертной муке

Стон струны, что сбрасывала руки,

Женский плач, прохладу полотна,

Шум песка,

       бегущего волнами ...

В миг любви приходит смерть за нами,

В миг,

       когда душа завершена.

무작정 대지를 떠돌아다니네,
오랜 옛날에나 그 이후 세기에나.
저녁노을에 모닥불이 타오르고
그 불, 개처럼 내 손을 핥아 내리네.

유목민 무리의 족장은
침묵하지만 내게 호감을 가지고 있으리라.
나는 방랑자들이 먹는 것을 먹으니
그건 하느님이 안겨주는 것.
사람들이 불구덩이에 구워내는 건
피 묻은 고깃덩어리들.
그들은 국가재산에 대해 말하고
황제의 죄와 명예에 대해서 말하네.
그들의 눈길은 분노로 가득 차고
모닥불에서 피어나는 전쟁의 냄새
그들은 나보고도 일어서라 하네,
그러나 난 피하고 말았네.

나는 흰말을 탈수도 없고
이 난리에서 살아나지도 못 하리라
내게 끼쳐진 해악들을
난 잠깐도 기억하지 못하니까…

Бреду по земле наугад,

То в древних столетьях, то ближе.

Костры на закате горят,

Как псы, они руки мне лижут.

Хозяин кочующих стад

Молчит, ко мне благосклонен.

Я ем, как скитальцы едят, —

Что Бог посылает в ладони.

И люди пекут на огне

Куски, выбирая кровавей.

Толкуют они о казне,

О царской вине и о славе.

И яростью полнится взгляд,

И пахнут кострища войною,

И мне подыматься велят,

Но я прохожу стороною.

Не быть мне на белом коне,

Не выйти живою из смуты —

Ведь зло, причиненное мне,

Я помню не дольше минуты...

이젠 아무것도 필요 없어라,
고통만 좀 잦아진다면.
포도밭의 천막집을
빵과 소금으로 바꾸네.

소리치거나 싸우지도
분노한 나팔을 불지도 않네.
빠지고
또 빠져들 뿐
영원한 심연인 나 자신에게로…

Ничего теперь не надо —
Не была бы частой боль.
Кущи сада-винограда
Отдаю за хлеб да соль.

Не кричу и не сражаюсь,
В трубы гневные трубя.
Погружаюсь,
Погружаюсь
В бездну вечную — в себя...

검은 파발[1]

검은 파발이 불타버린 땅으로 말을 달려
불길로 타오르는 강을 건너네,
재 가루가 말의 콧구멍을 막고
기수의 입안도 가득히 채웠어라.

애원으로도 칼의 주문으로도
운명의 행로는 어차피 멈추지 못하네.
검은 파발아, 너는 비탄을 가슴에 안았구나,
네 가슴으로는 그것을 감당할 수가 없구나.

세기와 더불어 이제야 비로소 알았네,
그 야만적인 법이 인자하였음을
빵도
물도
우유도
받지 못하고 검은 파발은 저주를 받으리라!

벗이 행방을 감추고
불길한 소식을 들은 어머니가 쓰러지네.

---

1) 검은 파발 : 나쁜 소식을 전하는 통보자

집이 무너져 내리네.
초원에서 풀들이 노래하네.
죽는 편이 나으리라, 이를 알고 살기보다는
죽음이 더 나으리라, 그대의 비통한 한마디 말보다는

ЧЕРНЫЙ ВЕСТНИК

Черный вестник скачет выжженной землей,

Переходит реки огненные вброд,

И забиты ноздри конские золой,

И у всадника золою полон рот.

Ни мольбы, ни с заклинанием кинжал

Ход судьбы не остановят все равно.

Черный вестник, горе на душу ты взял —

Непосильно для души твоей оно!

Лишь теперь понятны стали мне века,

Милосердным был тот варварский закон:

Ни лепешки,

Ни воды,

Ни молока

Не получит черный вестник — проклят он!

Канул друг.

От черной вести сникла мать.

Дом разрушен.

По степи поет былье.

Лучше смерть, чем годы с этим доживать.

Лучше смерть, чем слово черное твое.

이 세상 그 어디에도
뿌리를 내리지 않는 것이 좋으리라
바람이 언젠가 모든 걸 쓸어가 버릴 테니까
그대가 그 무엇을 붙잡을 새도 없이…

그래서 여름이 가고나면
자줏빛 잎사귀를 부스러뜨려놓고
나는 이것이 모두
그 누군가의 한줌 넋인가 한다네…

Ни к чему на белом свете
Лучше бы не прирастать —
Все сметет однажды ветер,
Не успеешь удержать...

И когда уходит лето,
Лист багряный раскрошив,
Все мне кажется, что это
Клочья чьей-нибудь души...

시간의 맛

ВКУС ВРЕМЕНИ

알렉산드르 슈미트

Александр ШМИДТ

소피아

가르쳐주었다
모래로 조각 만드는 방법을,
구름과 더불어
또 민들레와 함께
사과, 물고기와
말하는 법을,
그리고 시끄럽게 구는
파리 떼 같은 시간을
피하는 법을

СОФИЯ

Научила
Лепить из песка
Яблоко и рыбу
Разговаривать
С облаком
И одуванчиком
И отмахиваться
От времени
Как от назойливой мухи

동굴

"너는 러시아 사람이다"
나를 아는 독일 사람들이 확신하며 말한다.
"아냐, 너는 독일 사람이야"
내가 아는 러시아 사람들이 나를 설득한다.
"나는 그 누구도 아니다"
나는 늘 이렇게 말한다.
헌데 거대한 동굴의 천정 아래서
박쥐들의 메아리가
놀라워하며 묻는다,
"넌 누구냐?… 누구냐?… 누구냐?…"

ПЕЩЕРА

— Ты — русский, —

Утверждают знающие меня немцы.

— Ты — немец, —

Внушают мне знакомые русские.

— Я — никто, —

Говорю я на всякий случай.

И под циклопическими сводами пещеры

Летучие мыши эха

Испуганно вопрошают:

— Кто?.. Кто?.. Кто?..

시간의 맛

한 생을 지나서
숲속에서
우연히 개미집을 발견하였다
어릴 적 간식이 생각나
개미집에 나뭇가지를 내려주었다
시간의 맛이란
바로 슬픔의 맛이다.

ВКУС ВРЕМЕНИ

В лесу

Жизнь спустя

Наткнулся на муравейник

Вспомнил детское лакомство

Опустил в муравейник веточку

Вкус времени –

Вкус печали

222

주사위놀이

우리 할아버지와 아버지의
뼈다귀들을
우리가 던진다
던지고 또 던진다
헌데 결과는 –
악마의 비웃음.
그리고 그 악마의 제안,
다시 한 번 더
주사위를
던지라는.

ИГРА В КОСТИ

Кости

Наших дедов и отцов

Мы бросаем

Снова и снова

А в результате —

Сатанинская усмешка

И предложение —

Еще раз

Бросить

Кости

깊은 침투

행여 들을 수 있을까
유일한 말 한 마디,
공연한 희망을 안고
매번
깊이 더 깊이
날마다 자신에게
빠져들며
그렇게 살아가는 것,
호흡의 한계를 넘어
이제는 마지막
공상의 거품을 내뿜으며
밑바닥까지
깊이
잠수한다.

ГЛУБОКОЕ ПОГРУЖЕНИЕ

Так жить

Ежедневно погружаясь

В себя

Всякий раз

Все глубже и глубже

В тщетной надежде

Достать

Единственное Слово

Нырять

Глубоко

На самое дно

За пределы дыхания

Испуская уже последние

Пузыри воображения

그때부터

양심을 닦는 새로운 세제를
본디오 빌라도가
발명해낸
그때부터
더러워지기를 두려워하는
사람들은 서로 만난다
드물게
아주 드물게

С ТЕХ ПОР

С тех пор
Как Понтий Пилат
Изобрел
Новое моющее средство для совести
Все реже
И реже
Встречаются люди
Боящиеся запачкаться

우주정거장

여기서는
별들이
그렇게도 뚫어져라
주의 깊게
똑바로
너만을 바라본다
하여 헤아릴 수 없이
많은 별들이
난감해한다.
아마도
오직 별들만이
무언가를 발견했을 것이다
무언가
너에게
하나밖에 없는 것을

초원의 페이지를 넘기며

КОСМОСТАНЦИЯ

Здесь

Звезды

Глядят так   пристально

Подробно

В упор

На тебя одного

Мириады

Неисчислимые множества

Что становится не по себе

Что-то

По-видимому

Только они смогли разглядеть

В тебе

Что то

Единственное

고독의 맛
밤의 눈물의 맛
대양의 맛

Вкус одиночества
Вкус ночной слезы
Вкус океана

돈키호테를 위한 장비

이 야윈 노인은
정말 컴퍼스와 똑같다,
그는 오물통을 뒤진다.
정신없이
혼자 중얼거린다,
이것은 투구
이것은 방패
어라 이건 창이네.
골라낼 수 있구나
돈키호테의 장비를.

СНАРЯЖЕНИЕ ДЛЯ ДОН-КИХОТА

Этот старик сухопарый,

Ну вылитый циркуль,

Роется в баках с отбросами.

Безумный.

Ворчит про себя:

Это — шлем.

Это — щит.

А это — копьё.

Есть из чего подобрать

Снаряжение для Дон-Кихота.

되돌아오는 과정

아, 갑자기 설레기 시작했다,
처음처럼 곤두섰다
나무가 아니라 나모다.
쇠뜨기들, 고사리들이
우울하게 서로 마주보았다.
뱀은 격분해하며
다시 팽팽하게 똬리를 튼다.
그러자 무력과 전능의 신은
침울하게
아담에게 밀어 넣는다,
그의 갈비를

ОБРАТНЫЙ ХОД

О, как зашумело,

Как первобытно вздыбилось

Не дерево — Древо.

Хвощи, папоротники

Хмуро переглянулись.

Змей, негодуя,

Скрутился обратно в тугую спираль.

И господь Саваоф

Угрюмо

Задвинул в Адама

Ребро его.

사람아, 너는 누구며 어디에 있느냐?
너는 밤에 갑자기 화가 나서 깨어나리니
이 지구상 어느 나라 말로
어머니가 너를 집으로 불렀더냐?

너는 누구냐? 그리스인이냐 중국인이냐
그것이 아니면 혹 유태인이거나
잔인한 사람들 무리 속에 있는
사람을 싫어하는 방랑자더냐

너는 어디 있느냐? 이름을 떨어뜨리고
자신을 놓쳐버린 사람아
어느 로마의 공민이냐?
틀렸구나, 이 또다시 운명이 아니냐?

누가 너를 그런 어머니에게
술에 취해, 눈이 멀어 데려다주었더냐?
밤은 검은 구멍으로 입을 쩍 벌리고
별의 석회가 불타고 있구나.

Кто ты, где ты, человече? —
Вдруг очнешься ночью злой —
На каком земном наречье
Мать звала тебя домой?

Кто ты? — грек или китаец
Иль, быть может, иудей,
Нелюдимейший скиталец
В лютом сонмище людей.

Где ты? — выронивший имя,
Проворонивший себя,
Гражданин какого Рима?
Мимо — снова не судьба?

Кто тебя к такой-то маме
Спьяну ль, сослепу завёз?
Ночь зияет черной ямой,
И пылает известь звёзд.

우는 이

비는 좋겠다
내리면서
두려워하지 않으니,
누가
그의 눈물을 보는 지를

ПЛАЧУЩИЙ

Хорошо дождю
Идет
И не боится
Что кто-то
Заметит его слезы

외계인들

겉으로 보면
그들은 우리와 똑같은
평범한 사람들이다

계란모양의 큰 머리도 없고
검게 물든 눈도 없다
얼굴 어디에도

두 팔
두 다리,
손가락은 몇 개인가,
다섯 개다

우리는 놀라지도 않았다
그들이
TV화면에 나타났을 때

지구점령에 대한 소식도
문법에 어긋남 없이 전달했다.

단지 몇 개의 단어만
아주 조금 포착되는 외계인의 악센트로
그들은 말했을 뿐

ИНОПЛАНЕТЯНЕ

Внешне
Они такие как мы
Люди как люди

Ни яйцевидных огромных голов
Ни чернотой залитых глаз
На все лицо

Пара рук
Пара ног
Сколько пальцев на руках —
Пять

Мы даже не вздрогнули
Когда они появились
На телеэкране

Сообщение об окупации
Было без нарушений грамматики

Только некоторые слова
Они выговаривали
С едва уловимым нечеловеческим акцентом

세관검색

이승과 저승 사이의
국경에도
세관이 있을 것이다
네가 게이트를 지나면
무언가가 울리고
그러면 천사들이
보이지 않는 빛으로
너를 검색할 것이다
네가
너 자신의
가장 소중한 추억들을
가져가지 못하도록

ТАМОЖНЫЙ ДОСМОТР

На границе

Этого и того света

Вероятно тоже существует таможня

Ты проходишь ворота

Что-то звенит

И ангелы

Невидимыми лучами

Обшаривают тебя

Чтобы ты

Не пронес

Свои

Самые дорогие воспоминания

흙

나는 완전히 잊어버렸다
언제 마지막으로
만져보았는지,
아스팔트 밑에서 죽어가는 흙이
아닌
예전
어릴 적부터 알고 있는
살아있는
고향의
잊혀진 흙을

여기
깨끗한 언덕
묘지에서
진심으로 놀라워하며
흙을 만져보았다
그러자 일어난 뜻밖의 기적
진실하고
뜨거운
너의 회답의 애무

ЗЕМЛЯ

Я забыл совсем

Когда в последний раз

Трогал землю

Не ту

Что мертвеет под асфальтом

А прежнюю

С детства знакомую

Живую

Родную

Забытую

Здесь

На кладбище

У свежего холмика

С испугом сердечным

Прикоснулся к ней

И чудо нежданное —

Живая

Горячая —

Твоя ответная ласка

닿을 수 있는 지대

희미한 종소리를 들었다
본능적으로 주머니에 든 휴대전화를 꺼내본다
조용하다.

머리를 들어보니
어떤 작은 새였다

나는 아직
닿을 수 있는
지대에 있다

ЗОНА ДОСЯГАНЬЯ

Услышал слабое теньканье
Машинально полез в карман за мобильником —
Молчит

Поднял голову —
Пичуга какая-то

Я еще
В зоне
Ее досяганья

유목

КОЧЕВЬЕ

카이라트 박베르게노브
Кайрат БАКБЕРГЕНОВ

자장가

엄마, 나를 달래면서 재워줘
초원의 요람에서.
말아, 나를 달래면서 재워줘
말안장의 요람에서.
초원아, 나를 달래면서 재워줘
잊혀진 유목의 그네에서.
인생아, 나를 달래면서 재워줘
달래면서 재워줘…
달래면서 재워줘…
달래면서 재워줘…

КОЛЫБЕЛЬНАЯ

Укачай меня, мать,

в колыбели степной.

Укачай меня, конь,

в колыбели седла.

Укачай меня, степь,

на качелях забытых кочевий.

Укачай меня, жизнь.

Укачай …

укачай …

укачай …

어떤 공포도 무슨 비난도 허용할 수 없다
허나 네 운명이 어찌 서럽지 않겠느냐,
살진 지렁이마냥 행복하게 땅에서
너는 시간을 빼냈구나
시절을 조금도 어기지 않으려고.
무언가를 가득히 입에 물고
간단한 말조차 잊은 채
너는 비집고 들어가려 하더니
갑자기 너 자신을
괴물 같은 암흑에서
바깥세상으로 뽑아내려고 하느냐.

Ни страхов, ни упреков не приемлю,

но как не плакать о твоей судьбе,

когда, как жирный червь – блаженно землю,

ты время перскачивал в себе,

чтобы его нимало не нарушив.

с набитым ртом,

забыв простую речь,

протиснуться

и вдруг себя

наружу

из темноты чудовищной извлечь.

바닷가의 늙은 어부

(3부작 시)

손은 배와 같다
두 개의 낡은 배
이 손 저 손으로 모래를 옮겨 쏟으며
삶을 온순하게 끝까지 살아가지
쇠밧줄들은 핏줄처럼 관자놀이를 울린다
손은 배와 같다.

배는 물고기와 같다
슬픔을 많이 체험한.
망각의 모래가 그들을 덮어준다
분노한 바다는 그들을 기슭으로 버렸다
나무 같은 지느러미로 두드린다
배는 물고기와 같다.

물고기는 사색과 같다
소용돌이에서 헤맨다
지독한 추위, 끝없는 안개
바다의 무거운 그물들을 꿰맨다
물고기는 바늘처럼 바다에서 헤맨다
물고기는 사색과 같다.

손… 배… 물고기… 그리고 사색들…

СТАРЫЙ РЫБАК НА БЕРЕГУ МОРЯ

(триптих)

Руки - как лодки.

Две старые лодки,

пересыпая в ладонях песок,

век доживают покойно и кротко

цепи, как кровь, ударяют в висок.

Руки как лодки.

Лодки как рыбы,

хлебнувшие горя,

их засыпает забвенья песком,

брошены на берег яростным морем,

бьют деревянным своим плавником.

Лодки как рыбы.

Рыбы как мысли,

в пучине плутают —

холод смертельный, бездонная мгла.

Моря тяжелые сети латает —

рыба по морю снует, как игла.

Рыбы как мысли.

Руки... и лодки... и рыбы... и мысли...

밤

창문에 걸린 커튼들이 흔들리고
땅거미가 흐물거린다,
날개가 없는 어깨에서
쓰린 아픔으로 울린다.

갑자기 공간이 넓어지고
모든 모서리가 사라진다
오직 별들만 제 침을 내보이며
이 어둠을 함께 나누지 않는다.

세상 끝이 느껴지지 않는다,
네가 창조한 모든 것이
그리도 심하게 너를 거부하고
널 그렇게 밀고했구나.

НОЧЬ

На окнах бились занавески
и колыхалась полумгла,
и отзывалось болью резкой
в плече отсутствие крыла.

И вдруг пространство обнажалось,
и скрадывались все углы,
лишь звезды, в ход пуская жала,
не разделяли этой мглы.

Миров неощутимы грани,
и все, что создано тобой,
тебя так щедро отвергало
и выдавало с головой.

늙은 느릅나무

저녁마다 나는 얼마나 느긋하게
터벅터벅 집으로 걸어가길 좋아했던가.
나뭇가지가 보이면 단지
조용히 치우기만 하면 되었다.

언젠가 한 그루 나무가 있었다
헝클어지고 잎이 우거진…
헌데 톱에는 톱날이 물려있었지
이웃사람은 일을 하고파 하고.

그는 사람들 슬프게, 나무를 못살게 굴었지
늙은 느릅나무는 이제 침묵을 지킨다.
목에 걸린 가시가 푸른 하늘 위로
공포를 내보이며 삐쭉 솟아 있다.

나무는 제 슬픔을 감추지 않는다
나는 나무들의 성질을 안다
그는 창문 아래서 주먹을 흔들며
온 밤을 어른거린다.

누가 시간을 약이라고 하였는가?
그럴 수도 있으리라 … 하지만 난 말한다
이제는 내가 나무를 만날 때마다
죄스러워서 눈길을 돌린다고…

СТАРЫЙ ВЯЗ

Как любил я каждый вечер
не спеша домой брести.
Надо было лишь при встрече
тихо ветку отвести.

Было дерево когда-то
непричесано, лохмато...
Но пила имела зуб,
а сосед — работы зуд...

И пилил он — всем на горе.
Старый вяз теперь молчит.
В синем небе — костью в горле —
устрашающе торчит.

И беды своей не прячет, —
нрав деревьев мне знаком, —
под окном всю ночь маячит,
потрясая кулаком.

Кто сказал, что время лечит?
Может быть... Но я скажу,
что теперь глаза при встрече
виновато отвожу...

사과 따기

여기서는 말(馬)들이 사과 사이로 돌아다닌다,
나무들이
거기로 올라가는 총각 애들로 금방 무성해진다,
그들을 바라보면,
가끔은 이해를 할 수 없다,
무엇이 그들을 붙잡아주는지,
발아래서 무엇이 숨을 쉬고 있는지?
나뭇가지들? 공기?
난 여기서 친척관계를 이해하기 시작한다,
여기서는 사과와 구름이 하나,
높은 곳에서 나란히 흐르고 있다.
난 여기서 친척관계를 이해하기 시작한다.
그리고 하늘
다른 곳이 아니라 바로 여기,
사과가 있는 곳에서.
열매는 익었다.
그것을 한 손에서 다른 손으로 넘기면서
하늘이 어깨를 편다,
그들이 정원을 떠나고
그리고 또다시
나무는 자랄 것이다
세상을 날아다니며 더 멀리 더 자유롭게

СБОР ЯБЛОК

Здесь бродят кони в яблоках,

деревья

мальчишками мгновенно обрастают, —

глядишь на них,

порой не понимая,

что держит их,

что под ногами дышит? —

Ветви? Воздух?

Здесь начинаешь понимать родство,

здесь яблоко и облако едины —

бок о бок проплывают в вышине.

Здесь начинаешь понимать родство —

и небо

не где-то там, а здесь —

у самых яблок.

Плод завершен.

Его из рук — и в руки передавая,

расправит небо плечи,

оставит сад

и снова

высоким станет.

И поплывет над миром — дальше и свободней...

귀환

이야기들 중 가장 단순한 이야기…
바다 파도가 계선장에 닿는다.
여자가 뛴다,
바닷가를 따라서 뛴다.
뱃사공이
기슭을 따라 노를 젓는다.

뱃사공은 돌아오겠다고 약속하지 않는다
그는 등을 지고 멀리로 떠난다.
미래를 부르는 것이 그렇게 무서운가?
과거를 포기하는 것이 그리도 아쉬운가?

기슭을 날아다니는 먼지마냥
그 기슭 위에서 손을 흔든다
바다가 너무나도 빨리 커지며
기슭을 밀어낸다.

이야기들 중 가장 단순한 이야기…
앞을 바라보는 여자…
뱃사공은 등을 지고 바다로 떠난다
그는 등을 지고 고향집으로 돌아오리라…

ВОЗВРАЩЕНИЕ

Самая простая из историй...
О причал волна морская бьет.
Женщина бежит,
бежит вдоль моря.
Лодочник
вдоль берега гребет.

Он не обещает возвратиться,
он спиною отплывает вдаль. —
К будущему страшно обратиться?
От былого отказаться жаль?

Как пылинка, с берега слетает
и парит над берегом рука...
Слишком быстро море нарастает
и отодвигает берега.

Самая простая из историй...
Женщина, глядящая вперед...
Он спиною отплывает в море —
он спиною в дом родной войдет...

번갯불 아래서

💜 1

고요한 바람의 신음소리들
그리고 멀리 보이는 섬광…
그는 손바닥에
입을 맞추기 시작했다,
조심스러운 눈길 앞에서
불쌍한 한숨 소릴 듣고 있는,
새처럼
잃을 수 없는
슬퍼하는 꼬마의 사랑에…

💜 2

문을 두드릴 것인가
창문을 내다본다
이 집은 텅 비어있다…
두 사람은 말을 하지 않는다,
운명적인 손을 놓지 않으며.

ПРИ СВЕТЕ МОЛНИИ

♥ 1

Глухие ветра стоны

и дальняя зарница…

Он припадал к ладони

губами,

словно птица,

что растерять не может

любви печальной крохи,

под взглядом осторожным,

под горестные вздохи…

♥ 2

Стукнут ли в дверь,

глянут в окно —

пуст этот дом…

Двое молчат,

рук обреченных не разнимая.

유목

또다시 한 자리에 앉아있지를 못한다,
또다시 친척들이 나를 저주한다,
새처럼 날아다닌다고,
도대체 내가 어디까지 갈 것인가?

오직 내 인생만은 그네와 같다
아무래도 내 안에서
유목이 깨어나는 것 같다
헤엄치고 날고. 아니면 뛰고.

그리고 떠돌뱅이 풀처럼
나는 이 세상이 보는 곳에서
또다시 남들의 아픔을 찾는다,
나 자신의 슬픔을 묻어버리고.

그댈 보며 불행이라는 것을 몰랐다
벌거벗은 초원의 모래들.
그러나 그네는 계속 흔들렸다
혹독한 애수에 잠길 때까지.

아마도 나는 아무런 낙원이나
다른 자연의 거울에서
자기의 것을 찾아내야 하는
그런 부류의 사람이리라.

КОЧЕВЬЕ

Вновь на месте не сидится,
вновь родня меня клянет,
мол, порхаю будто птица,
и куда меня несет?

Только жизнь моя — качели.
По всему во мне видать
пробуждается кочевье —
плыть, лететь или бежать.

И как перекати-поле
я у мира на виду
вновь ищу чужие боли,
схоронив свою беду.

Я не знал по вас печали,
степи голые пески.
Но качели укачали
до пронзительной тоски.

Я, как видно, из породы
тех, кому в любом раю,
в зеркалах чужой природы
суждено искать свою.

허수아비

주변 모든 구역 위
높은 언덕에 올라서 있다.
얼마나 어리석은가
새들을 십자가에 못 박겠다고 위협하다니!
그는 피난처가 되었다
집 없는 것들에게,
버림받는 이들에게
그리고 날아다니다 지친 자들에게
너는 새들의 임금,
날짐승들의 하느님이어라…
그럼 우리는?
우린 작고도 많은 새들보다는
아주 많이 우월하겠지…1)

---

1) 우린 작고도 많은 새들보다는 / 아주 많이 우월하겠지…: 이는 저자가 신약성경
   마태복음 10장 31절 "두려워하지 말라 너희는 많은 참새보다 귀하니라."에서 인
   용한 것이다. 이로써 저자는 종교적 도그마를 비판하고 인간의 참된 본성과 영성
   회복의 중요성을 비유적으로 드러내고 있다.

ПУГАЛО

На холм вознесено
царит над всей округой.
Какая глупость
птиц распятием пугать!
Оно приютом стало
для бездомных,
отверженных
и распятых полетом.
Ты — птичий царь,
ты — птичий бог...
А мы?
Мы много лучше
многих малых птиц...

마음이 신호를 울릴 때

Когда душа забьет в набат ...

바흐트 까이르베꼬브
Бахыт КАИРБЕКОВ

마음이 신호를 울릴 때

나는 이 저녁이 슬프리라 …

해를 껴안으면 조금 편안해지느니

세상 끝, 저녁노을 속으로 떠나가리라

나는 떠나가리라 …

그 누구도 모르리

내가 노을 속에서 어떻게 불타버릴 것인지를 …

기어이 떠나가리라 …

그리고 나의 넋은 동이 틀 무렵

누군가가 천에 싸서 어느 집으로 들여오리라.

Он будет грустен этот вечер:

Когда душа забьет в набат...

В обнимку с солнцем — чуть беспечен —

Уйду за край земли — в закат.

Уйду...

Никто и не заметит, —

Как я сгорю в закате том...

Уйду...

А душу на рассвете

Внесут в пеленках в чей-то дом.

말하기가 무섭다면 왜 우리에게 혀가 주어졌는가,
고통을 당하기가 그리도 두렵다면 마음은 왜 가졌는가?
살기가 겁이 난다면 우린 무엇 하러 태어났는가,
그댄 사랑의 순간 행복에 겨워 소리 지르길 두려워하는구나!
무엇 때문에 하느님이 주신 역할에서 도망치는가,
허리 펴고 살기에는 아직 힘이 모자라고
영원히 산다는 것은 아파서 소리 내어 우는 것,
언젠가는 네가 누군가를 사랑했다는 것을 알기 위해서!

전설은 우리에게 신의 선물을 가르쳐준다.
거절하지 말고 온 심장으로 감사드리며 살라고
그리고 제일 아끼는, 일찍 찾아온 노년을
마음의 손실로 매일 치료하라고.

Зачем язык нам дан — коль страшно говорить,

Зачем душа дана — коль страшно так страдать?

Зачем родиться нам, когда боишься жить,

Боишься в миг любви от счастья закричать!

Зачем бежим от Богом данной роли —

Жить в полный рост — пока хватает сил,

Жить раз и навсегда — рыдать от боли,

Чтоб осознать однажды — ты любил!

Легенда учит нас — божественного дара

Не отвергать — всем сердцем благодарно жить,

И скопидомство — преждевременную старость

Душевной тратой каждый день лечить.

이 인생에 죽음이라는 것이 있다

그의 얼굴을

나는 잊을 수가 없다.

그것은 나를 찾았다

이 인생에 "삶"이라는 것이 있다

끝이 없는

그리고 나도 찾는다

그것의 시작을…

Есть в этой жизни Смерть, –

Ее лица

Мне не забыть.

Она меня искала…

Есть в этой жизни Жизнь,

Которой нет конца,

И я ищу

Ее начало …

시간의 기둥들이 보이지 않게 지나간다…
어디론 가로
기차가 우리를 달리게 하려는 것 같다…
운명의 힘을 믿고
우리는 복수의 문 앞에서 잠들어 있다.

허나 우린 재판을 받지 않는다. 그것은 진행 중이다!
그리고 유감스럽게도 우리는 자신을 변호하지 않는다
이 모든 것은 다 우리가 스스로를 모르기 때문
하여 하느님은 우리에게서 당신을 알아보지 못한다.

Бегут незримо времени столбы...

Нас поезд мчит, —

Нам кажется: куда-то...

Уверовав в могущество судьбы,

Мы спим в преддверие расплаты.

Но нет суда над нами. Суд идет!

И мы, увы, себя не защищаем,

Все потому, что мы себя не знаем

И в нас наш Бог себя не узнает.

우연히 나온 말이 아니다, 인생은 장터라는 말이
사치스러운 매대들이 손짓하며 우릴 부른다,
그대도 이미 그 매대의 상품
그대가 부른 값이 오르고 있다.

흥정은 흥정이지만 값이 내려가서는 안 되리
그리고 운명은 좋은 구매자가 아니고.
사체실이 그대를 선택하기 전까지는
그대여 지팡이를 음식과 옷으로 바꾸라.

모험과 용맹함이 그리 많이 필요치 않다
우아한 피리를 사기 위해서는
붓과 명주 같은 종이를 사기 위해서는
반지와 가마솥과 요람을 사기 위해서는

무엇이 어디로 갔는지 그대는 모르리라
그대는 꽃꿀을 마셨지만 입안엔 쓴 맛이 남아있구나.
인생은 장터다, 취하게 만드는 포도주다
허나 유감스럽게도 술은 줄어들고
자신의 값에 대해 어느 누구와도 논쟁할 수 없구나.

Недаром говорят, жизнь — торжище, базар,

Манят его роскошные прилавки,

И вот уже ты сам — его товар,

Растут тобой озвученные ставки.

Продешевить не гоже — торг есть торг,

Судьба — не лучший покупатель,

Пока тебя не выбрал морг,

Смени свой посох на еду и платье.

Немного надо риска и отваги

Купить себе певучую свирель,

Купить калам и шелковой бумаги,

Купить кольцо, казан и колыбель.

Ты не заметишь, что куда ушло,

Ты пил нектар — во рту осталась горечь.

Жизнь — торжище, пьянящее вино,

Увы, кончается оно,

И о цене своей уже ни с кем не споришь.

아무런 할 말이 없을 때에는
높은 하늘을 날아가는
새를 보고 싶다.

허나 거기에는 잎사귀 하나뿐
개가 목줄에 매달려 있는 듯
가지에 달려있는

부를 노래가 없을 때에는
말을 듣지 않는 손가락이 차례로 건드린다,
보이지 않는 담배의 건반들을

광장에는 그때와 똑같이 비둘기들이
부산스럽게 부스러기들을 주워 먹는다,
하늘을 잊어버리고서.

Когда не о чем говорить:
хочется в высоком небе
увидеть птицу.

Но там лишь одинокий лист
на поводу у ветки,
словно собака на цепи.

Непослушные пальцы перебирают
невидимые клапаны сигареты,
когда не о чем петь.

А на площади все те же голуби
суетливо подбирают крошки,
забыв о небе.

강 위에 있는 수로다리
자작나무 가지들
그리고 시드는 나뭇잎들…

사진들
멈춰버린 세상을 향한 창
허나 창문을 열 수 없다.
강가에서 미역을 감을 수 없다…

계속 가을이다.

Акведук над рекой.

Стволы берез.

И листьев увяданье …

Фотообои —

Окно в застывший мир.

Но не раскрыть окна,

В реке не искупаться …

Все время — осень.

정초에는 어깨에서 무거운 짐을 내려놓으라
자신의 병을 잊어버리라, 저주로 그걸 이겨내라
많은 사색과 부담들 속에서.
심장에는 솔직한 고백이 지팡이나 다름없으리라.

그대는 넋이고 그대 몸은 껍데기라
아기는 그런 몸에 매달리지 않는다
인생은 운명이 아니고 늘이는 것이 아니다
오직 다른 존재의 일부일 뿐

В началале января – скинь с плеч тяжелый груз,
Забудь недуг свой, победи презреньем,
Средь многих размышлений и обуз,
Как посох будет сердцу откровенье.

Ты – дух, а тело – оболочка,
Не к телу прижимается дитя,
Жизнь – не судьба и не отсрочка,
Лишь часть другого бытия.

비가 지붕의 철판을 때린다.
이웃사람이 타자기를 친다.
쥐가 내놓고 벽을 긁는다.
나는 선물 받은 액자 그림을 바라본다.

거기서 비가 먼지투성이 주단의 여름을 씻고
식초가 슬픔의 물감을 불멸하게 하였구나.
언젠가 나는 거기서 졸도하며 살았지
나도 그림을 그렸지, 아주 잘 그렸지! 믿어주기를

거기서, 긴 의자 위로 간신히 기어 올라가
낡은 기타를 치며 나는 노래를 불렀지
집시의 공작(公爵)은 모든 사람을 유인하였고
나는 불타는 열광의 잎사귀처럼 살았지

난 시간을 귀히 여기지 않고 언제나 그냥 살았구나!
이제는 시간에게 기도한다, 이 그림 앞에 빌듯이 …
쥐가 알곡으로 기어가는 건 생이 짧아진다는 것!
이웃사람이 타자기를 친다.

Стучится дождь по жести крыш.

Стучит сосед на пишущей машинке.

И не таясь скребется в стенку мышь.

А я гляжу в окно подаренной картинки.

Там лета пыльный коврик дождь омыл.

Там уксус грусти краски обессмертил.

Когда-то я там в обмороке жил

И тоже рисовал, и хорошо! – поверьте.

Там, на спины скамеек взгромоздясь,

Я песни пел на старенькой гитаре

И хороводя всем – цыганский князь,

Я жил, как лист, в пылающем угаре.

Я время не ценил, я жил – всегда!

Теперь молюсь ему – как этой вот картинке...

Скребется мышь к зерну – жизнь коротка!

Стучит сосед на пишущей машинке.

고요한 가을에 거칠어진 손은
나의 시들에게는 살아있는 피난처여라
변덕스러운 불길의 잎사귀들이
파도소리를 떠올려 준다.

나는 귓속말에 고요한 정원으로 빠져든다
잃어버릴 때 더욱 아름다워지는!
피할 수 없는 이별에 자신을 맡기며
호기심 어린 눈길을 치워버린다…

그리고 하늘과 진실한 대화가 진행된다
거기, 하느님의 우물 안을 바라본다
그곳이 얼마나 깊은지
부드럽고 엄한 가을 빛 속에서!

Притихшей осени шершавая ладонь —
Моим стихам пристанище живое
И листьев переменчивый огонь
Напоминает шум прибоя.

Я окунаюсь в шепот, в тихий сад —
В прекрасные ко времени потери!
Опустошаю любопытный взгляд,
Прощанью неизбежному доверяясь...

И с небом длится честный диалог,
Гляжусь в него — в колодец Бога, —
Как он пронзительно глубок
В лучах осенних — нежных, строгих!

커다란
먹구름 그림자 뒤

За тенью огромной тучки

이 스따니슬라브
Станислав ЛИ

커다란 먹구름 그림자 뒤
여름벌판으로 나는 달리노라,
그루터기들 거친 솔이 되어 찔러도
다리 아픈 줄을 모른 채.
나는 힘껏 외치노라,
감격하고
행복에 겨워서.
이 삶은 어머니가 내게 주신 것,
바로 아버지를 사랑했기에.
비록 나중에 일이 잘못되긴 했을지라도.

헌데 내가 왜 그림자를 따라 달리는가
내 주위에는
빛과 공간이 이리도 많은데…

За тенью огромной тучки
Я по летнему полю бегу,
И не чувствуют ноги мои
Жесткой щеткой лежащей стерни.
Я кричу что есть силы,
От восторга,
От счастья.
Эту жизнь даровала мне мать,
Потому что отца моего полюбила.
Пусть потом не сложилось у них.

Но зачем я за тенью бегу,
Столько света, пространства
Вокруг …

좋은 것들은 모두
보존하고 기억하리라
나쁜 것들은 모두
태우고 없애버리리라

나의 기억은
꺼지지 않는 모닥불

잿더미 사이에서 반짝이는
드문 별들의 노란빛이여…

Все лучшее

Сохраню и запомню.

Все худшее

Сожгу, уничтожу.

Моя память —

Костер негасимый.

Редких звезд желтизна

Среди пепла...

칠월 중순
무더운 한낮에
벌판에서 한잠 자리라,
높은 초원의
풀숲에서.
그러면 내 위로
천년 묵은 독수리가
맴돌며
내 일생을
지킬 것이니.
저무는 날
안개 위의
영원한 꿈 마냥…

В знойный полдень

Середины июля

Вздремну, я прямо в поле,

Среди высоких

Трав степных.

И надо мной

Орел тысячелетний

Кружиться будет,

Сторожа

Всю жизнь мою,

Как сон предвечный,

Над маревом

Сгорающего дня…

세월 가면 높은 산도

조약돌로 변해버리네

세월 가면 넘치는 강물도

바닥을 드러내고 마네

무얼 하자고

가슴 속에

애증을 간직해 두랴

마치 천년이라도 살 것처럼

И высокие горы с годами

До гальки мельчают.

И с полых рек вода уходит,

Обнажая дно.

Так зачем

В своем сердце

Храню я обиду и верность?..

Будто тысячу лет проживу.

제발 신께서
이 보잘 것 없는 눈높이로
모든 것을 보지 않게 해주시기를.
소나기가 그친 뒤
저 하늘마저도
더러운 물웅덩이에
넘어져있음이여

Не дай нам бог,

На все смотреть

С ничтожной высоты.

Вон даже небо

В грязных лужах

Лежит упав

После грозы.

주위엔 아무도 없고
남십자성만이 떠있어라
별들의 이정표 사이에서
머리 위에 걸린 건
초원이 잠든 곳에서 들리는
바람의 잡담뿐
빛이 강물 위로 흘러넘치네
그 빛의 이름은 인생

Ни души окрест,

Только Южный Крест

Среди звездных верст

Надо мной повис,

Только ветра треп

Где уснула степь,

Свет разлит над рекой

Под названием – жизнь.

가을 벌판 위에
달이 기우네
어머니 허리 굽혀
잠들지 않은
요람 속
아기를 돌보는 것처럼.
벌판은 소란스러워라
마른 풀
사각대는 소리 소슬거리는 소리
그리고 뜻밖의
돌풍 몰아쳐
참새 떼 무수히
날아가네
이 풀숲에서
저 풀숲으로…

Над полем осенним,

Склонилась луна.

Словно мать

Над ребенком,

Что не спит

В колыбели,

А поле звенит,

Шелестит и шуршит

Пересохшей травою.

И точно внезапного

Ветра порыв,

Слетает с кустов

На кусты,

Воробьиная стая ...

초원의 페이지를 넘기며

오렌지 빛
저녁노을 …
그 뒤에 숨은
비밀과
지평선을 그려보네

떨어진 별들로 인해
물은 얼마나 차가우랴!
또 내 마음은 얼마나 쓸쓸한지 …
용서해주오
영원히 잘 가오
아니, 가지 말아주오!

가지 말아주오
뒤에 남은
사람들에게
의미가 되기 전에는

Оранжевая,

Закатная полоска...

Я пробую писать натуру с горизонта

И тайну,

Сокрытую за ним.

Как холодно воде

От звезд упавших!

Как холодно душе ...

Прости,

Прощай навеки.

Не уходи!..

Не уходи,

Пока не станешь смыслом

Для тех,

Кто позади.

봄날의 산기슭에 새싹이 돋아나니
새와 바람에겐 광활한 벌판이어라
따뜻해진 바위 위에
반나절 누워 있노라면
아픔과 재난도 다 잊혀지네

세상은 한동안
아이처럼 마음을 열어주네
생각해보게, 이게 바로 참모습 아닌가

따뜻하게 데워진
봄날의 마음으로
그대 다시 희망을 품고
사람에게
이끌리리라

Весною в горах прорастает трава.

И птицам и ветрам раздолье.

На камнях нагретых замрешь

на полдня, —

Забудутся боли и беды.

На время покажется мир

Как ребенок открытым.

Подумаешь — вот она суть!

И сердцем весенним,

Тепло отогретым,

Ты снова — с надеждой! —

Потянешься

К людям.

되돌아가지는 못 하리
언젠가 두고 떠나온
머나먼 해변으로

그러나 초원에는
광대한 바다가 있어라
튤립 꽃 눈부시고
말떼들 마냥 달리는 곳
요란하게 취하는 밤엔
무수한 별똥별 생겨나며
별무리 떨어지는 곳

무엇에서인지
우리 운명으로 반복되면서

Возврата нет

К далеким берегам,

Покинутым когда-то ...

А есть степей безбрежный океан,

Где светится тюльпан,

Где кони мчатся наугад

В ночи хмельной и звонкой,

А звезды падают,

Рождая звездопад ...

Судьбою в чем-то

Повторяя нас.

그리도 낮게 구름이 떠가네
나도 몰래 손을 내밀었네
그리도 많은 걸 말하고 싶었네
"기억하니?"
얼떨결에 이렇게 내뱉고 말았지
그런데…
삶이란
짧은 하룻밤이 아니던가
나는 걷잡을 수 없는
그날그날을
삶에 맞추어 살아가네…

Так низко летят облака...

Невольно потянулись руки.

Так много хотелось сказать!

Растерянно вымолвил:

«Помнишь»

Ну что ж...

Пусть жизнь —

Одна скоротечная ночь,

Я к ней подгоняю

Табун

Необузданных дней...

이름 모를 들판
발길 닿지 않는 오솔길
그 어딘가에
꽃들이 피고지네
제 명을 다 살면서…

곁에 있어야 하건만
없는 그 무엇을
생각하니 서러워라

이미 지나가버렸고
이제 다시 안 올 그 무엇을
생각하니 참으로 마음 아파라

초원의 페이지를 넘기며

Где-то там,

На безвестной поляне,
Средь нехоженых троп
Расцветают и вянут цветы,
Отживая свой срок...

Грустно думать о том,
Чего нет,
Но рядом.

Больно думать о том,
Что прошло
И не будет потом...

시간은 모두를 멀어지게 하네
밝고 무사태평한 날로부터
하여 모두는 어둠에 가까워지네
캄캄한 밤의 어둠에 …

나의 가장 긴 날은 가버렸구나
시간이 흐를수록 날이 밝아오는구나
아마도 그건
마음이 짓이겨지며
때때로 울기 때문이리…

Все дальше отдаляет время
От светлых и беспечных дней,
Всё ближе тьма,
Тьма беспросветной ночи …

Мой самый длинный день прошёл,
Свет тает с каждым часом,
Быть может потому
Душа мятуя
Плачет иногда …

이 세상에서 슬픔은
가시지 않는다,
심지어
꽃이 피어날 때에도
그건 사라지지 않는다.
우리가 신으로부터 받은 지식은
쇠약해지는 걸 피할 수 없다는 것.
사랑하는 이들의
만남에서조차도
그것은 가만있지 않는다,
깊은 예감 속에서도
평온한 행복은
영원하지 않다.
이 세상을 만물이
슬픔으로 채우고 있다.
새하얀 구름의
그림자,
그것마저도
어둡지 않던가
슬픈 눈길 때문에…

Неизбывна печаль

В этом мире,

Даже в пору

Когда расцветают цветы,

Неизбывна она.

Свыше знание дано —

Неизбежен приход увяданья.

И во встречах

Влюбленных

Не дремлет она,

Во предчувствии глубинном —

Безмятежное счастье

Не вечно.

Всё пронизано в мире

Печалью.

Даже тень

Облаков белоснежных

И та,

От печального взгляда

Темна …

저녁노을시간, 하늘이 어두워지고
바람이 불어와 갈대들이 서걱이네.
온종일 날고 날아 늦도록
두루미 떼 하늘로 날아가네.
오랜 작별의 눈길에
그들은 부드러운 날갯짓으로 응답하네.
나 여기 남으련다, 잘 가거라
이에 두루미 떼 죄지은 듯 울면서
수평선 넘어 영원히 떠나가네…

Темнеет небо. Час заката.

Свистящий ветер. Шелест камыша.

День отлетел и запоздало

Летит по небу журавлиный клин.

На долгий взгляд прощальный

Ответят птицы взмахом плавного крыла.

Я остаюсь,

Они курлыча виновато,

За горизонт уходят навсегда…

겨울밤

언 달의 표면이
차가운 빛을
땅으로 던지네…
정원은 잠들었고
오직 들리는 건
나뭇가지에서 떨어져
땅 위로 미끄러지는
눈 소리뿐

Зимняя ночь.

Диск луны обледенелый

Льет на землю

Свет холодный …

Сад заснул

И только слышно,

Как скользит на землю

Снег с опущенных ветвей.

 **올자스 술레이메노브**(Олжас Омарович СУЛЕЙМЕНОВ)

카자흐인을 대표하는 시인이자 학자, 외교관, 사회 활동가. 1936년 5월 18일 카자흐스탄 알마틔에서 태어났다. 당시 그의 부친은 카자흐 기병대에서 근무했는데 1937년에 정치적 탄압을 받았다. 그는 1954년에 중등학교를 마치고 카자흐 국립대학 지질학과에 들어가 1959년에 졸업하면서 지질학기사가 되었다. 하지만 그는 1955년부터 문학에 뜻을 두고 있었다. 그리하여 1958년 모스크바에 있는 고리끼 명칭 문학대학 시 번역학과에 들어가 본격적으로 시 창작에 대한 공부를 했으며 1961년에 졸업했다.

1962~1971년에 「카자흐스탄스카야 프라우다」 신문 객원기자, 국립영화제작소 <카자흐필름> 시나리오협의회 주필, 카자흐스탄 유수의 문예잡지 『쁘로스또르(Простор 광야)』(1933년 창간) 기자분과 주임을 역임했다. 1971~1981년에는 카자흐스탄 작가동맹 비서, 1972년부터는 아시아·아프리카 작가 교류촉진 카자흐위원회 대표를, 1970년대 초부터 1980년대 말까지는 아시아·아프리카 작가 교류촉진 소비에트위원회 부대표를 역임했다.

1975년에는 문예작품 『아시아. 건전한 독자들의 책(АЗиЯ. Книга благонамеренного читателя)』을 펴냈다. 그런데 이 책은 소련정부의 정책과 사상에 반기를 든 것이어서 모스크바 당국으로부터 즉각 금서로 지정되었다. 이 일로 인해 저자는 8년 동안 서적을 출판하지 못했으며 그 시기에 사실상 시 쓰기를 그만두어야 했다.

1981~1983년 카자흐공화국 국립영화제작위원회 대표를 맡았으며 1983~1991년에는 카자흐스탄 작가동맹 위원회 초대 비서, 1984년에는 전 소비에트 작가동맹 위원회 비서를 역임했다. 1989년에는 소비에트 최고위원회 인민대표를 맡기도 했다.

올자스 술레이메노브는 1989년에 카자흐스탄 북부에 위치한 세미팔라틴스크 주 핵실험장 및 전 세계 핵실험장의 폐쇄를 목적으로 <네바다 – 세미팔라틴스크> 시민운동을 주창했고 그 운동을 지도하였다. 그 운동의 연장선상에서 1991~1995년에는 반핵운동 기구인 <카자흐스탄 인민회의당> 대표를 맡기도 했다.

1995~2002년까지는 그리스와 말타를 겸임하는 이탈리아 대사를 역임했다. 1998년 로마에서 『문자의 언어(Язык письма)』, 『신의 웃음(Улыбка бога)』, 2001년 『갈라지는 평행선(Пересекающиеся параллели)』, 2002년 『선사시대 투르크인(Тюрки в доистории)』 등의 저서를 출간했다. 그가 쓴 시집과 저술들은 세계 여러 나라에서 출판되었으며 수많은 국제문학상을 수상했다. 2002년부터는 유네스코 카자흐스탄 종신대표로 있다.

그는 소비에트체제에서 억압받는 카자흐인의 현실을 최초로 고발한 용기 있는 시인이었다. 그는 카자흐인의 양심으로 기억되고 있다.

예브게니 꾸르다꼬브(Евгений Васильевич КУРДАКОВ)

카자흐스탄 러시아인을 대표하는 시인. 1940년 3월 27일 북부 카자흐스탄과 인접한 러시아 오렌부르그주에서 태어났다. 그의 부친은 러시아군의관이었다.

그는 소년시절부터 문학을 좋아했고 그 시절에 쓴 첫 시 작품들은 주 및 구역출판물들에 실렸다. 20대 초반이던 1960년대에는 이미 몇몇 동료들과 함께 <부줄룩 청년시인협회>라는 청년시인클럽을 창시하기도 했다. 문학공부를 계속하다가 나중에 모스크바에 소재한 고리끼 명칭 문학대학 최고과정을 졸업했다.

예브게니 꾸르다꼬브는 성인이 되어 카자흐스탄 동부의 남 알타이 지방에 있는 우스치까메노고르스크로 가서 삶의 터전을 잡았다. 그리고 거기서 오랫동안 일하면서 살았다. 그는 시인이면서 동시에 프레이즈공, 고대예술품 수리자, 국가생산 예술모형 제작자, 조각가, 인류학박물관 연구원으로 일했으며 그가 조각한 몇 점의 작품이 공원에 전시되기도 했을 만큼 문화예술부문에 다재다능했다.

나중에는 카자흐스탄 작가동맹 문학자문위원과, 문예잡지 부장을 역임했고, 여러 시문학 강습소에서 주임 강사로 일하기도 했다. 또한 그는 러시아 작가동맹 회원으로 활동했다.

그가 쓴 15권의 시집과 산문집은 카자흐스탄과 러시아 등 여러 나라에서 출판되었다. 또한 그는 수많은 문예작품집에 공동저자로 참여했으며 국내 문예잡지를 200회 이상 출간하기도 했다.

예브게니 꾸르다꼬브는 중앙아시아 지방의 언어로 쓰인 여러 문예작품들을 러시아어로 번역한 전문번역가이기두 하다. 또한 러시아 및 중앙아시아의 대문호인 제르자빈(Г.Р. Державин), 뿌쉬킨(А.С. Пушкин), 쮸뜨쵸브(Ф.И. Тютчев), 부닌(И.А. Бунин), 예세닌(С.А. Есенин), 니자미(Низами), 아바이(Абай) 등이 남긴 문학작품의 권위 있는 연구자였다.

1987년에 문예잡지 『불빛(Огонёк)』, 1988년과 1994년에 문예잡지 『우리 동시대인(Наш современник)』, 1997년에 문예잡지 『젊은 근위대(Молодая гвардия)』에서 주는 문학상을 수상했다. 뻬뜨로브

과학예술 아카데미 정회원이었으며 1998년 전 러시아 뿌쉬킨 상의 하나인 『대위의 딸(Капитанская дочка)』 명칭상과, 1999년 뿌쉬킨 탄생 200주년을 맞아 당대 러시아 최고의 시인에게만 주어지는 가장 영예로운 상인 전 러시아 상을 수상했다.

1993년에 러시아 노브고로드로 이주하여 거기서 야로슬라브 무드로브 명칭 노브고로드 국립대학교 예술공예학부 예술작업실 주임으로 일하다가 2002년 12월 28일에 사망했다. 그가 남긴 시들은 러시아적 서정과 사상적 깊이 등에서 현대 러시아 시문학이 이룰 수 있는 최고의 경지에 오른 것으로 평가되고 있다.

발레리 미하일로브(Валерий Фёдорович МИХАЙЛОВ)

카자흐스탄 러시아 시인, 문예잡지 『쁘로스또르(Простор 광야)』 주필, 카자흐스탄 작가동맹 사무총장. 1946년 9월 7일 카자흐스탄 까라간다주에서 태어났다. 그의 부친은 오래도록 언론계에 종사한 베테랑 언론인이었다. 그는 중등학교를 마치고 카자흐스탄 종합기술대학 지구물리학부를 졸업했다. 하지만 그는 어렸을 때부터 문학에 흥미와 소질을 갖고 있었으며 소년시절인 15살 때부터 시를 쓰기 시작했다. 문학에 대한 그의 천성적인 관심과 흥미는 끝내 그를 시인의 길로 인도했다. 그리하여 1987년에 소비에트 작가동맹 회원이 되었고 현재는 러시아 및 카자흐스탄 작가동맹 회원으로 활동하고 있다.

발레리 미하일로브가 쓴 시들은 문예잡지 『쁘로스또르』, 『모스크바(Москва)』, 『우리 동시대인(Наш современник)』, 『청춘(Юность)』, 『시베리아의 불(Сибирские огни)』, 『밭(Нива)』 등과 문예신문 「문학의 날(День литературы)」, 「문예 러시아(Литературная Россия)」
등에 널리 실렸다. 그의 시는 『20세기 러시아 서정시 사화집(Анто-
логия русского лиризма. XX век)』(모스크바), 『러시아의 서정(Рус-
ская лирика)』(모스크바, 2000), 『현대 러시아 해외(Современное рус-
ское зарубежье)』(모스크바, 2002), 『러시아 시인들의 기도. 11~21
세기(Молитвы русских поэтов. 11~21век)』(모스크바, 2009) 등 여
러 사화집에 선정되어 들어갔을 만큼 탄탄한 시적 지평을 확보하고
있다.

그는 비교적 늦깎이 시인이라 할 수 있다. 그의 첫 시집은 러시
아 시인으로서는 그리 이르지 않은 나이인 36세 때 세상에 나왔고
두 번째 시집은 47세 때에야 나왔다. 그러나 그의 창작능력은 나이
가 들어감에 따라 원숙해져 2005년에는 3권의 시집을 출간하였고
2006년에는 카자흐스탄 유수의 문예출판사 <자주싀(Жазушы)>에
서 그의 시집 『새로운 천년(Тысячелетие другое)』(알마티, 2008)이
출판되어 카자흐스탄 모든 국립도서관에 배포되었다. 그보다 조금
전에는 그의 시선집 『꽃가루(Пыльца)』가 모스크바에서 간행되었다.
그는 현재까지 20여 권의 시집과 저서를 남기고 있다.

그는 현대 카자흐스탄 러시아문학을 대표하는 시인 중 한 명이
다. 그는 무엇보다도 기도하는 시인이라 할 수 있다. 그가 쓴 시편
에는 모순 많고 불합리한 세상에서 거룩함과 정결을 지향함으로써
구원을 얻고 거기서 삶의 궁극적 의미를 찾으려는 의지가 곳곳에
드러난다. 발레리 미하일로브의 시편들은 러시아와 카자흐스탄에
널리 소개되어 인정받고 있다. 현재 그는 카자흐스탄에서 발행되고
있는 문예잡지 『쁘로스또르』의 주필로 일하고 있으며 카자흐스탄
작가동맹 사무총장으로 재직하고 있다.

# 바흐트잔 까나삐야노브(Бахытжан Мусаханович КАНАПЬЯНОВ)

카자흐인 러시아어 시인, 번역가, 시나리오 작가, 영화감독. 1951년 10월 4일 카자흐스탄 꼭체따우주에서 태어났다. 그는 어렸을 때 복싱선수로 활동하여 1968~1969년 카자흐스탄 청소년 복싱 챔피언 자리에 오르기도 했다. 1974년에는 카자흐스탄 종합기술대학교를 졸업하고 1년간 금속연구소에서 기사-연구원으로 일했다. 동시에 문학 활동을 시작하였는데 1975년에 그가 쓴 첫 시가 문예잡지 『쁘로스또르(Простор 광야)』에 실렸다. 그리고 그는 그 해에 저명한 시인 올자스 술레이메노브로부터 국립영화제작소 <카자흐필름> 시나리오작가 겸 주필로 초대받았다. 그는 그 길로 연구소 일을 그만 두고 평생 창작활동에 종사했다.

1981~1983년에는 고리끼 명칭 문학대학에서 영화감독 및 시나리오작가 최고과정과 최고문학과정을 이수했다. 그리고 그 어간에 『밤의 서늘함(Ночная прохлада)』(1977), 『반영(Отражения)』(1979), 『평화의 느낌(Чувство мира)』(1982) 등 3권의 시집을 출판했다. 1984년에 출판사 <잘른(Жалын)>의 주필이 되었고 1984~1991년에는 카자흐스탄 작가동맹 문예고문을 역임했다. 1991년 소련이 해체되고 검열이 사라지자 그는 카자흐스탄에서 최초로 독립된 출판사 <지벡졸리(Жибек жолы)>를 설립하여 오늘날까지 사장으로 재직하고 있다.

바흐트잔 까나삐야노브는 여러 해 동안 번역 일에도 종사하였는데 아바이(Абай), 잠블(Жамбыл) 등 위대한 카자흐전통시인들의 작품이 그의 손을 거쳐 러시아에 소개되었다. 그는 영화제작에도 헌신하여 20여 편에 이르는 영화작품의 감독을 맡기도 했다.

그는 1986년에 문예잡지 『쁘로스또르』에 <잊어버린 내 어린 시

절의 언어>란 시를 발표했다. 그 시는 소비에트체제 하에서 카자흐인들의 민족성과 고유성이 파탄되어 가고 있음을 폭로하는 것이어서 즉각 정치인들로부터 공격을 받았다. 그리하여 그 시는 출판물로 공개되지 못하다가 1988년에야 햇빛을 볼 수 있었다. 그 시는 당시 캐나다에 거주하는 그의 친구 바흐트 켄제예브 시인을 통해 라디오방송으로 흘러나오기도 했을 만큼 카자흐인들에게 호소하는 바가 컸다.

그는 1989년 시인 올자스 술레이메노브가 주도한 <네바다-세미팔라틴스크> 반핵실험 운동에도 적극 참여하였다. 1986년 체르노빌 원자력발전소 폭발사건이 일어났을 때에는 자발적으로 복구 작업에 참여하였고 그 경험을 바탕으로 시·산문집 『쁘리빠치지역 위의 황새(Аист над Припятью)』(1987)를 펴냈다.

카자흐스탄 작가동맹 및 작가동맹 이사회 회원이자 카자흐어 및 러시아어 펜클럽 회원이며 독립국가연합 및 발틱해 영화인동맹 회원이다. 카자흐스탄 영화인동맹 이사회 대표도 역임했다. 카자흐스탄 서적출간 및 배포 협회 부협회장, 문예작품집 『문예 아시아』, 『문예 알마아타』 주필도 역임했다.

나제즈다 체르노바(Надежда Михайловна ЧЕРНОВА)

카자흐스탄 러시아 시인, 번역가, 문예비평가, 카자흐스탄 작가동맹 회원. 1947년 1월 15일 카자흐스탄 빠블로다르주 바르나울시에서 태어났다.

그녀는 문학에 조예가 깊었던 아버지 미하일 찌모페예비츠의 영향으로 문학에 관심을 갖기 시작했다. 그리고 러시아의 대문호인 알렉산드르 뿌쉬킨의 시를 읽으면서 문학에 큰 감동을 받아 시인의 길을 걸었다. 어린 시절에 카자흐스탄 북부지방 세미팔라틴스크시로 이사가 살았으며 10살 때부터 시를 쓰기 시작했다. 이미 그녀가 15살 때 지은 시 <해>가 카자흐스탄의 유서 깊은 신문 「레닌스카야 스메나」와 「카자흐스탄스카야 프라우다」지에 실렸을 정도로 그녀의 문학적 재능은 어려서부터 두각을 나타냈다.

나제즈다 체르노바는 중등학교를 마치고 끼로브 명칭 카자흐 국립대학교에 입학하여 기자학부를 졸업했다. 그리고 25살 때 문예잡지사 『쁘로스또르(Простор 광야)』에 입사하여 지금까지 일하면서 거기서 모리스 씨마쉬코(Морис Симашко), 아나똘리 김(Анатолий Ким), 일리야스 예센베를린(Ильяс Есенберлин) 같은 문학계의 저명한 인물들과 만나 교류하면서 문학적 깊이를 더해갔다.

당대 이름난 문예비평가 빠벨 코쉔코와 여류시인 루피 따마리나는 그녀를 "제2의 림마 까자꼬바"로 칭했다. 림마 까자꼬바는 구소련 당시 저명한 여류시인이었다.

그녀의 시편은 세계 여러 나라 언어로 번역되었으며 그녀 또한 오래 전부터 카자흐어, 불어, 불가리아어 등 외국어로 된 문예작품들을 러시아어로 번역하는 일에 종사해오고 있다. 2006년까지 문예잡지 『쁘로스또르』 산문분과를 이끌었고 현재는 『쁘로스또르』 시분과 주임으로 일하고 있다.

시집으로 『수염며느리밥풀(Огнецвет)』(아스타나, 2004), 『존재의 그림들(Картины Бытия)』(알마틔, 2009) 등 여러 권이 있으며 수십 권의 번역서가 있다. 러시아에서 발간된 여러 권의 사화집에도 그녀의 시가 선정되어 실렸다.

카자흐스탄 러시아문학을 대표하는 시인 중 한 명인 나제즈다 체르노바는 러시아 카자크인이다. 러시아 카자크인이란 수세기 전에 러시아황제의 압제를 피해, 또 자유를 찾아 러시아 변방인 꾸반, 오렌부르그, 돈강 연안으로 이주한 옛 농노들의 후손으로서 전쟁 시에는 국가의 부름을 받아 기꺼이 군인으로 복무하면서 용맹을 떨친 집단을 이른다. 그들은 자유와 용맹의 정신으로 무장하고 일반 러시아인과는 구별되는 그들만의 문화전통과 언어를 발전시키고 지켜왔다. 그녀의 시에는 러시아 카자크 인으로서 전통과 강인함이 곳곳에 나타나고 있으며 시의 철학적 깊이와 높이 모두를 실현하고 있다. 그녀는 카자흐스탄에서 몇 명 안 되는 훌륭한 시인으로 평가받고 있다.

알렉산드르 슈미트(Александр Русланович ШМИДТ)

카자흐스탄 독일인을 대표하는 러시아어 시인, 카자흐스탄 작가 동맹 회원. 그는 1949년 카자흐스탄 북부 세메이(세미팔라틴스크)주 노보뽀크로브까 마을에서 태어났다.

그가 쓴 시집으로는 『겨울의 축(Земная ось)』, 『친족관계(Родство)』, 『여기와 저기(Здесь и там)』, 『씨알 같은 날들(Зерна дней)』 등이 있고 사화집(엔솔로지) 『러시아 자유시 사화집(Антология русского свободного стиха)』(모스크바, 1990), 『20세기 러시아 시가(Русская поэзия: XX век)』(모스크바, 1999), 『해방된 울리스(Освобожденный Улисс)』(모스크바, 2004) 등에 그의 시편들이 선정되어 실렸다. 그가 쓴 시들은 러시아, 카자흐스탄, 독일에서 출판되고 있다.

알렉산드르 슈미트는 10여 년 전에 독일로 이주하여 현재 베를린에서 거주하고 있다. 하지만 카자흐스탄과 밀접한 연계를 갖고 인터넷 매체 등을 통해 카자흐스탄의 문단에서 적극 활동하고 있다.

카자흐스탄 독일인의 역사는 카자흐스탄 고려인의 역사와 비슷하다. 러시아 서부지역에 거주하던 독일인들은 제2차 세계대전이 막 시작되던 1941년에 카자흐스탄으로 강제이주를 당했다. 그들은 이주과정에서, 자신들보다 4년 먼저 강제이주를 당했던 고려인들이 이주도중에 겪었던 고초보다 더 큰 비극과 고통을 겪었다. 그러나 강제이주 이후 독일인들도 고려인처럼 강인한 정신력으로 살아남았으며 소련과 카자흐스탄의 과학기술 분야에 크게 공헌했다. 하지만 그들도 세대가 내려감에 따라 러시아 동화과정을 겪으면서 정체성의 혼란을 경험하게 되었다.

그런 의미에서 독일인 디아스포라 시인 알렉산드르 슈미트가 쓴 시들 중 일부는 시사하는 바가 적지 않다. 특히 시 <동굴>은 강제이주 당한 소수민족들이 한두 세대 후에 겪게 되는 정체성의 고민과 혼란을 전형적으로 잘 표현해주고 있다. 그 시는 날짐승과 네다리를 가진 짐승의 경계에 있는 박쥐를 등장시켜 그 박쥐의 입으로 정체성의 혼란에 빠진 소수민족에게 질문을 던지게 함으로써 과연 완전한 정체성과 소속감을 가진 인간이 지상에 존재할 수 있을까에 대한 근본적 의구심과 철학적 성찰을 던지고 있다.

알렉산드르 슈미트가 쓴 시들은 대체적으로 간결하고 시어들이 명확하여 일반 독자들이 읽기에 전혀 난해하지 않다. 정확성과 합리성이 습관에 배인 독일인들의 습성을 그대로 옮겨놓은 듯하다. 하지만 간결함 속에 결코 간단치 않은 복잡성의 장치가 숨어 있는 시들이 존재한다. 시 <동굴>이 바로 그런 시의 한 형태일 것이다.

카이라트 박베르게노브(Кайрат Саурбекович БАКБЕРГЕНОВ)

카자흐인 러시아어 시인, 번역가, 극작가. 1953년 카자흐스탄 알마틔시에서 태어났다. 그의 부친은 당시 인민작가 칭호를 받은 최고의 지식인 작가였다. 그는 그러한 집안의 문학적 풍토 속에서 풍부한 문학과 예술의 세계를 체험하며 성장했다. 중등학교를 졸업하고 모스크바에 소재한 고리끼 명칭 문학대학에 들어가 문학과 문학번역을 전공했다. 졸업 후 전공을 살려 시인과 전문번역가로 활동하면서 다수의 작품을 남겼다. 그는 러시아어로 작품을 쓰면서 카자흐어, 세르비아어, 독일어 등으로 된 시와 산문을 러시아어로 번역하고 있다.

시집으로 『붙잡힌 바람(Пойманный ветер)』, 『귀환(Возвращение)』, 『반응하는 광야(Отраженные пространства)』 등이 있으며 10권이 넘는 번역서가 있다. 그리고 국립영화제작소 <카자흐 필름>에서 여러 해에 걸쳐 방영한 10편 이상의 애니메이션 영화극을 쓰기도 했다.

그가 쓴 시편들은 프랑스어, 독일어, 세르비아어, 카자흐어 등으로 번역되었다. 현재 카자흐스탄 작가동맹 회원으로 활동하고 있다.

카이라트 박베르게노브는 카자흐인이지만 러시아어로 작품을 쓰는 대표적인 작가들 중 한 사람이다. 이는 250여 년 전 러시아가 카자흐스탄에 진출하여 카자흐스탄을 통치하면서 생겨난 비극의 결과이자 그에 수반된 자연스런 부산물이다. 약소국 카자흐스탄은 러시아에 예속되면서 꾸준히 러시아화가 진행되었다. 더욱이 그가 태어나던 시기는 소비에트 주권이 미국과 함께 전 세계를 양분하던 전성기였고 소비에트의 문화와 예술이 카자흐스탄 곳곳에 침투하여 모든 것을 러시아식으로 변모시키던 시절이었다. 모국어인 카자흐어는 급속도로 힘을 잃고 쇠퇴하여 소멸의 길을 걸었다.

누구나 생존과 더 나은 삶을 위해 러시아어를 배웠으며 당시 러시아 및 소비에트의 문화는 세계를 선도하는 것으로 인식되어 다수의 인텔리들은 의심의 여지없이 러시아화에 자발적으로 동화되어 갔다.

1991년 말 구소련이 해체되고 카자흐스탄은 모국어를 빠른 속도로 회복해가고 있다. 현재 젊은 세대들은 모국어를 자유자재로 구사한다. 하지만 카이라트 박베르게노브 시인의 세대는 러시아 및 소비에트 문화의 창을 통해서 세계관을 확립하고 정체성을 형성한 세대에 속해있다.

하지만 다른 한편으로는 그 세대들에게 러시아어가 일종의 구원이자 축복이기도 했다. 구소련 모든 나라와 민족의 작품들이 공용어인 러시아어를 통해서 번역, 이해, 침투되고 서로 교류됨으로써 앎과 인식의 폭이 초원의 언어로만 소통되는 것보다 훨씬 확장되었기 때문이다. 이렇듯 그는 러시아어를 통해서 자신의 정체성문제를 풀어가고 있으며 이를 통해서 역으로 자기 뿌리를 찾아가고 있는 특이한 세대의 시인이다.

바흐트 까이르베꼬브(Бахыт Гафуович КАИРБЕКОВ)

카자흐인 러시아어 시인, 번역가, 영화감독, 극작가. 1953년 2월 23일 카자흐스탄 알마틔시에서 태어났다. 그의 부친은 인민칭호를 받은 당대 최고의 시인이었다. 1970년 중등학교를 졸업하고 모스크바에 있는 고리끼 명칭 문학대학에 들어가 시문학과 문학번역을 전공했다. 졸업 후 카자흐스탄 국립문예출판사 <작가(Жазушы)>에서 시부문 주필과, 카자흐사회의 친선과 문화 정보를 6개 언어로 제작하여 96개 나라에 보도하고 알리는 소식지 『소비에트 카자흐스탄 오늘(Советский Казахстан сегодня)』의 주필을 역임했다.

1979년에는 대학원에 들어가 1982년까지 러시아문학 및 카자흐 문학을 전공하였다. 1983년에는 소비에트 작가동맹 회원이 되었고 그 해에 국립영화제작소 <카자흐필름> 시나리오작가 겸 감독이 되었다. 그 뒤 예술영화 및 텔레비전 영화 창작집단 주필을 역임하였다. 1987년부터 1989년까지는 소비에트 국립영화 시나리오작가 및 감독 최고과정에 청강생으로 들어가 예술영화 감독학을 전공하였다. 졸업 후 카자흐 문화성과 <카자흐필름> 등지에서 영화제작관련 주필 등을 역임했다.

바흐트 까이르베꼬브는 카자흐스탄 작가동맹 회원이며 현재까지 왕성한 창작활동을 해오고 있다. 그는 주로 영화를 제작하면서 출판, 신문, 잡지 관련 일을 하고 시 창작과 번역, 출판물 비평 등을 하고 있다. 그가 제작한 필름들은 카자흐스탄 여러 국영 텔레비전에서 방영되고 있다.

그가 펴낸 책으로는 『가을의 대화(Осенний диалог)』(잘른, 1978), 『동사-삶(Глагол-жить)』(자주식, 1982), 『일기(Дневник)』, 『창살의 글줄(За решеткою строк)』(소글라시예, 1996), 『시선집(Избранное)』 등 9권의 시십과 2권의 시선집이 있다. 그리고 다수의 번역집을 출판했다.

그는 카자흐스탄공화국 공훈활동가이자 텔레비전-라디오 유라시아 아카데미 정회원이며 카자흐스탄 작가동맹 회원이자 영화협회회원이다. 그는 현재 개인 영화사를 차려 80여 편의 기록영화를 제작, 감독했다. 그 중 몇 편의 영화는 국제영화 페스티벌에서 수상하였다. 지금도 지칠 줄 모르고 수많은 기록영화를 제작하고 있으며, 특히 카자흐민족의 신화와 전설을 찾아 나섬으로써 자기의 뿌리를 확인하는 일에 열중하고 있다.

바흐트 까이르베꼬브는 동시대 인텔리들처럼 소비에트 시대에 러시아화에 편입된 전형적인 인텔리다. 구소련 해체 이후 그는 시 쓰기에서 정체성을 찾다가 그 무대를 영화로 옮겼다. 그는 지금도 카자흐 신화와 전설과 전통을 찾아 광활한 영토 곳곳을 누비고 있다.

 ## 이 스따니슬라브(Станислав Чандинович ЛИ)

이 스따니슬라브는 고려인 시인이다. 1959년 12월 27일 카자흐스탄 북부 아크몰라주(현재의 수도 아스타나)에서 태어났다. 그리고 한 살 때 남부 딸듸꼬르간주로 이주하여 고려인 집성촌 모쁘르란 마을에서 자랐다. 그는 거기서 성장하면서 예전부터 전해 내려오는 조상들의 전통과 풍습과 예절을 익히고 체험하였으며 선조들로부터 강제이주와 전쟁 시기의 삶 등 그들이 겪어온 온갖 간난신고와 고락에 대한 이야기를 들으면서 소년기를 보냈다.

1981년 카자흐스탄의 수도 알마틔에서 공업대학교를 졸업했다. 그러나 그는 고려인 계몽철학자 박일과 러시아 시인 예브게니 꾸르다꼬브의 영향을 받아 시인의 길을 걸었다. 그는 열일곱 살 되던 해에 철학자이자 계몽운동가인 박일(1911~2001)교수를 만나 금지된 우리의 역사와 사상을 배웠는데 이는 그에게 지대한 영향을 끼쳤다. 본격적인 시인의 길에 뛰어든 뒤에는 당대 소비에트 최고의 시인으로 평가받던 예브게니 꾸르다꼬브(Евгений Курдаков, 1940~2002)에게 발탁되어 그의 추천과 지도를 받았다.

이 스따니슬라브는 1995년에 첫 시집 『이랑(Гряда)』을 펴냈고 이어서 한국에서 양원식 전 고려일보 주필의 번역으로 『재 속에서는 간혹 별들이 노란색을 띤다(Редких звезд желтизна среди пепла)』

(서울, 도서출판 새터, 1997)를, 2003년에는 다시 카자흐스탄에서 『한 줌의 빛(Пригоршня света)』(2003)을 출간했다. 최근에는 김병학 시인의 번역으로 한국에서 시집 『모쁘르마을에 대한 추억』(서울, 인터북스, 2010)을 펴냈다.

그의 시편들은 1980년대 말부터 러시아 유수의 문예잡지 『모스크바(Москва)』, 『모스크바소식(Московский вестник)』, 『청춘(Юность)』, 『문학신문(Литературная газета)』, 그리고 카자흐스탄의 문예지 『쁘로스또르(Простор 광야)』와 카자흐스탄 저널 『카자흐스탄스카야 프라우다(Казахстанская правда)』, 『고려일보(Коре Ильбо)』 등에 실림으로써 널리 알려졌다. 또한 최근(2008년)에는 『현대 러시아 해외(Современное русское зарубежье)』라는 20인 사화집에도 그의 시편이 선정되어 실렸다. 카자흐스탄 국정 문학교과서에도 오래 전부터 그의 시가 실려 학생들 사이에서 널리 애송되고 있다.

그는 시 번역에도 종사하여 한국의 『중세 한시집』과 고은시인의 시집 『만인보』를 노어로 번역해 카자흐스탄과 러시아 문단에 널리 소개했다. 한편 그는 극작가로서 희곡 「기억」(공저), 「농촌바보의 결혼식」(공저) 등 다수의 희곡을 써서 고려극장 연극무대에 올리기도 했다. 그리고 그는 화가이기도 하다. 그의 그림들은 카자흐스탄 국내에서 수차례 개인전과 공동전시회를 통해 소개된 바 있다.

▌해 설▐

새로운 집을 찾아 방랑하는 대초원 시인들의 꿈과 희망
– 패러다임의 붕괴가 지어낸 고뇌의 여정

김 병 학

1. 한 시대의 종말과 새로운 시대의 시작
– 소비에트 체제의 붕괴와 다민족국가 시인의 운명

해 아래 새것은 없다. 인류 역사에, 이 세계와 우주에 시간이 개입된 이래 변화를 견뎌낸 존재는 아무도 없다. 견고해 보이는 집일수록 쉽게 무너진다는 것은 역사가 증명해주었고 불변의 진리라고 믿어온 신념이나 가치도 그 실상을 들여다보면 너무나 허약하고 부서지기 쉬운 지반 위에서 신기루처럼 아른거린다. 열아홉 해 전, 로마제국처럼 오래도록 번영을 구가할 것이라 믿었던 소련연방도 그렇게 허무하게 무너져 내렸다. 당시 소비에트 공민들은 소련연방이 영원할 거라고 믿었다. 아니, 영원하지는 않더라도 지구상에 존재하는 다른 어떤 국가체제보다 오래 존속될 거라고 생각했다. 허나 시간의 바람은 이번에도 그렇게, 어리석은 인간들의 무지한 자기 확신을 여지없이 깨뜨려주었다.

소련연방의 와해는 그동안 연방 구성원들이 쌓아올린 신념과 가치관과 세계관이 한꺼번에 무너져 내렸다는 것을 의미했다. 달리

말하면 이는 한 시대를 지배하던 패러다임의 붕괴를 뜻했다. 불순한 사념의 비바람을 막아주고 안식을 위한 보금자리를 제공해주었던 존재와 의미의 지붕이 날아간 것이다.

패러다임의 붕괴는 사회의 전 영역에 오래도록 절망과 격동의 회오리를 몰고 온다. 그런 시대에는 인문학적 반성과 새로운 문예혁명의 기운이 싹트고 지식인은 미래에서 현재로 드리워진 희미한 예언의 전조를 찾아 나선다. 누구보다 먼저 그런 기운을 감지하고 예언자의 길을 걷는 집단이 있다. 바로 시인들이다. 그런 시대와 마주선 시인들은 바람처럼 오가는 찰나의 메시지도 붙잡고자 무한히 많은 귀를 열어둔다. 더욱이 휴머니즘에 대한 절망과 반성을 바탕으로 다른 주기의 기운이 일어나는 사회에서 시인은 누구보다 먼저 십자가를 지고 길을 간다. 그렇게 그들은 남들보다 일찍 일어나 먼저 아파하며 길을 넘고 노래를 부른다. 그러면 뒤에 따라오는 이들의 마음에 부드러운 위안의 바람이 불어올 것이다.

인종과 민족의 지도가 복잡하게 얽히고설킨 다민족국가 카자흐스탄… 그곳에서 태어나 삶의 뿌리를 내려온 시인들은 열아홉 해 전 소련이라는 거대한 집이 무너진 이후 지금까지 밤과 낮의 사이에 놓인 희미한 갈래 길에서 배회를 거듭해오고 있다. 그리고 뜻밖의 일상에 진입해오는 꿈과 희망이 예시하는 장소를 따라 자신과 자기가 소속된 사회구성원들이 들어가 살 새로운 집을 짓고자 합심하여 길을 찾고 있다.

허나 미래에 대한 불확실성이 거의 존재하지 않았던 소비에트 시대와 달리 신생 독립국가 카자흐스탄은 예측 불가능한 다양성의 가능성에 전방위적으로 노출되어 있어 러시아어로 글을 쓰는 시인들은 함께 걸어 도달해야 할 집을 아직 찾지 못하고 있다. 앞으로도 같이 들어가 살 집을 찾기는 매우 어려울 것이며 가는 길은 더욱

달라져만 갈 것이다. 일단 옛집이 무너진 이상 새로운 집을 지으려는 구상이 시인의 숫자만큼 다양해졌기 때문이다. 시인의 본질은 자유를 바탕으로 무한히 성장하는데 있다. 이 세상 어느 누구도 자유로운 시인을 다치지 못한다.

> 느릿하게 벌판을 울리는 교회 종소리가
> 또다시 밝고 가볍게 이야기해주네,
> 이 세상 어느 누구도 시인을 다치지 못한다고,
> 더욱이 그가 죽음의 순간에 깨달은 통찰에서.
>
> — 예브게니 꾸르다꼬브의 시 「시인박물관」 중에서 —

헌데 카자흐스탄의 러시아어 시인들이 서로 다른 길을 걸으며 각기 다른 집을 짓고자 하는 데에는 각 시인의 개성과 본래적 자유의지라는 근원적 이유 외에도 다른 연유가 있다. 낡은 소비에트 체제가 물려준 유산인 다민족국가에 그들이 속박되어 있기 때문이다. 그들은 구체제의 이상과 모순이 쌓여 이루어진 다민족공동체에서 특정한 민족으로 태어났고 그 업보에서 자유롭지 못하다. 시인들은 자민족 조상들이 저지른 잘못과 과오, 그리고 그들이 쌓아올린 덕성과 희생의 뿌리에서 자라난 정치사회적·문화적 힘의 영역 안에 들어가 있다. 그들은 주위를 감싼 친족관계에 가해지는 집단적 카르마를 스스로 짊어지고 있으며 그걸 청산해야 할 책임을 느끼고 있다.

2. 역동하는 민족과 문학과 언어의 지평에서

　오랫동안 제정러시아의 반식민지로 있다가 소비에트 체제로 편입된 중아아시아 유목국가 카자흐스탄에서 민족과 문학과 언어는 매우 복잡하게 뒤얽혀있다. 소련연방이 그 거대하고 튼튼한 지붕을 중앙아시아에까지 드리우고 있던 시절에는 러시아어와 러시아문학(소비에트문학)이 다른 지역의 언어와 문학을 일방적으로 밀어내고 압도적인 우위를 차지하고 있었다. 자연스럽게 또는 부자연스럽게, 자발적으로 또는 비자발적으로 카자흐어를 비롯한 지방의 소수 민족어는 소멸의 길을 걸었다.

　그렇게 러시아어와 러시아문학(소비에트 문학)을 실은 커다란 수레가 250여 년간 카자흐스탄 초원에 더 이상 되돌릴 수 없을 만큼 깊고도 긴 바퀴자국을 남기며 머나먼 지평선의 이편과 저편을 넘나들었다. 초원의 지식인들은 그 수레가 진자처럼 오가며 남기는 메시지들이 새로운 소통의 그릇이 되리라 믿었다. 애석하지만 초원의 언어는 사라질 운명이라는 판단에 의심의 여지가 없었다. 헌데 어느 날 검은 파발이 전속력으로 말을 타고 달려오더니 그 거대한 소련연방이 일순간에 모래성처럼 무너지고 밀았다는 소식을 전해준다. 상상하기조차 어려운 충격 앞에서 한동안 침묵이 모든 걸 덮어버렸다. 그리고 꿈결 같은 안개를 헤치고 멀리서 물결이 일었다. 그건 소리 없이 다가오는 해일이자 폭풍이었다.

　시간은 언제나 새로운 반전의 계기를 싣고 날아와 메마른 땅에 비를 뿌린다. 소련붕괴 이후 중앙아시아에 카자흐스탄이라는 다민족 독립국가가 탄생하고 카자흐어를 실은 조그만 짐수레가 모습을 드러내기 시작했다. 그리고 어느덧 20년 가까운 세월이 흘렀다. 처음에는 미약하기 짝이 없었던 카자흐어의 힘은 이제 러시아어를 밀어낼 만큼 성장했다.

　예전에 러시아어와 소비에트 문학의 우산 아래서 동질적이고 균일한 목소리를 내던 시인들은 이제 피부색깔과 조상들이 남겨준 유전적 기억에 따라 서로 다른 길을 선택해야 할 상황으로 내몰렸다. 그들은 새로운 집을 찾아 기억(과거)과 양심(미래) 사이에서 방황했다. 어떤 부류의 시인들은 기억에 마음이 이끌려 역사와 신화의 호수로 침잠해 들어갔고 다른 부류의 시인들은 양심이라는 투명하고도 거친 땅에 거할 집을 마련하고자 높은 성터에서 내려왔으며 또 다른 부류의 시인들은 영원한 본향을 향해 상상의 나래를 펴고 하늘을 나는 길을 택했다.

1) 잃어버린 신화와 서사문학을 찾아
　　－ 기억을 더듬어 길을 떠나는 카자흐인

　3세기에 가까운 세월을 러시아에 예속되어 살아온 카자흐스탄 원주민 시인들이 국가독립 이후 찾아나서야 할 것은 잃어버린 기억이었다. 희미하게 잊혀져간 고향과 반강제적으로 떠나온 집을 다시 찾아가는 일이었다. 잃어버린 전통과 신화, 어렸을 적 수염이 하얗고 지혜로운 할아버지가 모국어로 들려주셨던 구비문학, 그리고 그것들을 고스란히 담아냈던 모국어 … 우선 찾아내야 할 보물목록이 한두 가지가 아니었다. 기억은 국가독립이라는 뜻밖의 대사건에 던져진 카자흐 시인들에게 너무나도 시급히 회복해야 할 출발점이자 전제였다. 다음과 같은 카자흐 시인들의 시편은 이러한 소망을 유감없이 표현해주고 있다.

　　　말을 타고 산골시내를 따라
　　　호수에서 쉼 없이 산비탈을 오르네.

말안장에 앉아 내 생활양식은
계절에 아주 잘 어울리게 되었네.

말을 타고 산골시내를 따라
투르크족의 기초 언어를
밖에서 내 안으로 되돌려 들여가네,
밤색말의 고른 말굽소리를 들으면서.

— 바흐트잔 까나삐야노브의 시 「말을 타고 산골시내를 따라」 중에서 —

엄마, 나를 달래면서 재워줘
초원의 요람에서.
말아, 나를 달래면서 재워줘
말안장의 요람에서.
초원아, 나를 달래면서 재워줘
잊혀진 유목의 그네에서.
인생아, 나를 달래면서 재워줘
달래면서 재워줘 …
달래면서 재워줘 …
달래면서 새워줘 …

— 카이라트 박베르게노브의 시 「자장가」 전문 —

마음이 신호를 울릴 때
나는 이 저녁이 슬프리라 …
해를 껴안으면 조금 편안해지느니
세상 끝, 저녁노을 속으로 떠나가리라
나는 떠나가리라 …

— 바흐트 까이르베꼬브의 시 「마음이 신호를 울릴 때」 중에서 —

　　그동안 어울리지도 않는 소비에트 이념의 지붕 아래서 살아온 카자흐인들은 희미한 기억을 되살려 조상들이 살았던 천막집(패러다임)을 다시 짓기 시작했다. 모국어로 짠 펠트, 신화로 엮은 천막뼈대, 전통으로 장식한 의상, 그리고 구비문학으로 연주되는 노래…

　　헌데 그러기 위해서는 그것보다도 먼저 선행되어야 할 것이 있었다. 바로 소비에트체제의 부당성에 대한 고발이었다. 카자흐스탄은 그동안 소비에트 조국에 반기를 들었던 지식인들의 유배지이자 대러시아의 원료공급 기지였으며 소련의 전술핵 실험장이 되어 국토가 낱낱이 찢기고 파헤쳐져 있었다. 카자흐스탄은 먼저 그 상처를 드러내야 했다. 그리 한 다음에라야 비로소 피 흘리는 초원은 자기가 낳고 길러준 시인들에게 과거 유산을 회복하러 건너가는 길을 순순히 내어줄 것이다. 카자흐인을 대표하는 지성 올자스 술레이메노브는 탄압받은 카자흐스탄의 전체적 실상을, 다른 시인은 소련의 핵실험장이 된 카자흐스탄의 현실을 아래와 같이 적나라하게 고발하고 있다.

나라야,
너는 카자흐스탄을 가지고 실험했구나.
오늘, 십자가로 자랄 수 없는
땅이 있어라.
타라스를 실험했구나.
표도르도 실험했구나.
페트로그라드여, 용서하라.
레닌그라드여, 내 땅을 용서하라.
카자흐스탄은 전깃줄이요,
가시줄,
이것은

사라토프와 키예프, 그리고 다시
사란스크였다.
이것은
마르크스의 인용들,
유목, 극장 그리고 제일 좋은
갱도들,
말과 용광로들,[…]

- 올자스 술레이메노브의 시 「카자흐스탄」 중에서 -

원폭 지하폭발실험 전의 밤은 슬픔에 잠겨있음을 안다.
폭발을 앞둔 밤에는 거무스레한 달이 우는 것을 본다.
금 같은 달의 눈물들은 방사성의 낟가리에 떨어지고
다른 기슭에 있는 마을은 X-ray에 찍힌 모습으로 비친다.
데겔렌 산속에서는 굴 안의 죽음이 보이는데
방사선의 눈이 통행금지구역 밖에 놓여있다.
땅에 쥐가 났는가 아니면 사람의 신음소린가?
이건 신화도 서사문학도 아니다, 이것은 바로 핵실험장이다.
그렇디, 체르노빌이 심장에 가깝구나, 난 거기서 죽은 집들을 보았다,
목동의 개처럼 고향언덕에서 별을 바라보며 울 수만 있다면,
그러면서도 제발 미치지는 않았으면.

- 바흐트잔 까바삐야노브의 「거무스레한 달의 울음소리」 전문 -

　　하지만 시인들이 아무리 애를 써서 조국이 처한 현실을 고발하고
과거의 아름다운 유산을 찾아낸다 한들 현대 카자흐스탄이 한두 세
기 이전의 모습으로 되돌아가는 것은 근본적으로 불가능한 일이다.
불가능하기만 할 뿐만 아니라 위험하기도 하다. 복고주의는 항상

근원을 찾아 연결하려는 지향을 보이고 이는 자칫 파시즘으로 흐를 수 있기 때문이다. 파시즘은 존재하지도 않는 상상의 과거나 미래를 재현하기 위해 현재의 다양한 삶의 양태와 가치들을 쉽게 짓밟지 않던가.

현대 카자흐스탄은 과거 조상들이 활동했던 카자흐스탄과는 너무나 많이 달라져 있다. 단일했던 민족이 복잡다단해졌으며 문화와 언어 또한 복잡하게 얽히고 뒤섞여있다. 따라서 현대 카자흐 시인들이 새로 짓는 집은 예전에 조상들이 살았던 천막집과는 다른 지반에 터를 잡고 있으며 그 집과 옛집 사이에는 쉽게 건널 수 없는 단절의 강이 흐르고 있다. 지금 지어지고 있는 집들은 전통이라는 기억의 뼈대 위에 소비에트시대 이후 태어난 사념의 재료들이 의미 있게 뒤섞여져 이전보다 더욱 다채로운 형상을 띠고 있으며 그 집의 어느 부분에서든 러시아적 요소가 중요한 질료로 쓰이고 있다. 또한 세계 사방으로 소통되는 통로도 이전보다 더욱 늘어났다. 좋은 재료를 찾아 나선 시인들의 여정은 결코 멈추지 않을 것이다. 그리고 시인들의 이 같은 노력으로 장차 카자흐 시문학은 초원에서 잘 자란 말처럼 더욱 튼실하게 살이 찔 것이다.

집은 주로 기억의 저장소다. 특히 허물어져버리고 없는 옛집을 찾아나서는 이들에게는 더욱 귀중한 추억과 향수의 보고다. 그런 집에서는 과거의 기억이 쌓이고 쌓여 현재로 넘치고 그 현재는 미래로 흘러든다. 그런 까닭에 지난날이 그리워 옛집을 배회하는 기억은 때때로 몸을 입은 허깨비처럼 스스로 의식을 갖게 되며 그렇게 성장한 의식체는 현존재들을 살아 움직이게 만드는 이승의 집의 역동성과 앞으로 그들을 생생히 숨 쉬게 만들 새집의 잠재성보다 훨씬 크고 무거운 그림자로 탐구자의 열정을 점령해버린다.

하지만 집이란 무엇일까? 그건 다채로운 과거 기억의 바탕 위에서 생동하는 현재의 직접성과 무한한 미래의 가능성이 가득 채워진 하늘 바람이 쉼 없이 불어와 굽이치며 돌아나가야 하는 거처가 아닐까. 다시 말하면 과거의 기억을 공유하는 이들이 한 지붕 아래서 친족관계를 맺고 현재를 리드미컬하게 살아 숨 쉬며 끊임없이 후대로 이어질 서사문학을 만들어나가는 활동무대가 바로 집이라는 것이다. 과거의 기억으로만 채워진 집은 지박령에게 사로잡힌 무덤이나 사당, 또는 모든 성장의 가능성을 삼켜버리는 블랙홀이나 늪으로 퇴화하고 말 것이므로.

2) 이방인의 고통이 나의 슬픔이 되어
- 양심을 찾아 낮은 데로 내려가는 러시아인

카자흐스탄의 러시아인에게 구소련의 해체는 엄청난 고뇌와 방랑의 길을 열어주었다. 언제나 튼튼한 갑옷과 방패가 되어주었던 소비에트 지붕이 붕괴하자 러시아인들은 이전에 한 번도 맞이해보지 못한 가혹한 회오리바람을 마주하게 되었다.

그동안 러시아인들은 초원의 천막집에서 당연히 그러기라도 해야 하는 듯이 오랫동안 주인자리를 꿰차고 살아왔다. 공산주의 혁명을 성공시킨 레닌이 그토록 우려했던 대러시아주의의 망령이 소비에트 체제 내내 초원을 떠나지 않고 맴돌아 다른 민족들은 두 번째 민족, 이등공민으로만 존재했을 뿐 러시아인과 대등한 위치에 서 본적이 없었다. 소비에트 체제가 영속하는 만큼 러시아인의 지위 또한 세세무궁토록 공고하리라는 것은 당시에 의심할 바 없는 진리였다. 이러한 믿음의 영역 안에서 시간은 매우 느려지거나 때때로 멈춰섰으며 따라서 소비에트 지붕 아래서는 과거도 미래도 없는 영원한 현재만 이어지는 것처럼 생각되었다. 변화의 가능성은 소비에트혁

명으로 이미 끝나버린 듯이 보였다.

헌데 어떤 창도 막아낼 수 있는 방패와 같았던 소련연방이라는 피난처가 어느 날 일거에 사라져버린 것이다. 이제 초원의 집에서 진짜 주인은 자신들이 아니라는 쓰라린 자각이 비로소 러시아인들에게 싹트기 시작했다.

인과응보, 카르마였다. 뿌리는 대로 거두는 법이다. 그동안 러시아인들은 카자흐스탄에서 주인노릇만 해오느라 약자의 아픔이 무언지를 모르고 살았다. 알려고 하지 않았다. 아니, 인식자체를 못 했다는 편이 옳을 것이다. 오만과 편견에 사로잡힌 자에 대한 가장 합당하고 공정한 징벌은 그 자신이 피해자의 위치에 서서 약자가 당했던 수모를 그대로 고스란히 받아보는 것이다.

양심은 역할을 바꾸어 체험하는 과정에서 비로소 눈을 뜬다. 위아래가 뒤바뀌는 고통스러운 경험을 통해 자신에게 일어나는 온갖 사건과 인간사를 전혀 다른 눈으로 바라보는 능력을 갖게 된다. 그 순간부터 양심은 새로운 가치를 발견하고 그렇게 파지된 가치는 미래창조의 영역으로 흘러든다. 그리하여 미래는 새로운 것들로 채워지는 열린 공간이 된다. 러시아인들은 현재 전개되고 있는 비교적 평온한 정치사회적 과정과 관계없이 심리적인 측면에서 그런 징벌을 달게 받으며 성숙해 가고 있다.

카자흐스탄 러시아인들은 가혹하게도 자신들의 고국이자 고향인 러시아에서도 국외인이 되어버렸다. 현재의 러시아는 옛 소비에트 조국처럼 카자흐스탄 러시아 문인들을 더 이상 내국인으로 받아주질 않는다. 그들은 어디로도 고개를 돌릴 수 없는 이방인이 되었다. 비로소 그들의 양심에 그동안 의도적으로, 또는 무지로 인해 외면해왔던 소수자들의 아픔에 공감하는 능력이 생겨나고 있다. 그들은 '낮은 데로 임'하는 방법을 배워나가고 있다. 러시아 카자크인으로

서 주옥같은 시편을 남기고 있는 나제즈다 체르노바의 다음과 같은
시편은 그러한 공감능력의 결정체라 할 수 있다.

우리는 떠나왔노라 …
척박한 들판과 오두막,
빛바랜 토벽농가에서 떠나왔노라,
하늘에 용서받지 못할 죄를 진
떠난 자들은 영원한 죄인이라네.

– 중략 –

마른 쇠똥 타는 연기 오르는 천막에서도
돔브라 소리 냇물처럼 흐르는 곳에서도
우린 타인들의 이방인, 또 제 무리에게서조차
제 사람 되지 못한 우린 그 누구도 아니어라!

– 후략 –

– 나제즈다 체르노바의 시 「이주자들」 중에서 –

　　카자흐스탄 러시아 시인들은 그동안 권력이 부여해준 정통성의
폭압에 둘린 위장의 너울을 벗고 벌거벗은 양심(미래)을 향해 나아
가고 있다. 헌데 그들은 자기들에게 어머니와도 같았던 구체제의
유산과 아주 이별하기가 차마 어려운 것일까, 옛 소비에트 집이 머
릿돌만 남기고 모조리 허물어진지 스무 해 가까운 시간이 지났건만
그들은 자기들이 발을 붙이고 사는 초원에 아직도 새로운 집을 완
공하지 못하고 있다. 조국 러시아에서도 좀처럼 집터를 내주지 않
는다. 고국으로 돌아가 집을 지어보건만 모국인들이 반겨주지 않는
다. 혹 반겨주는 이가 있더라도 낯설고 외롭다. 고통스럽고 쓸쓸하

지만 이제 스스로를 위로해야 한다. 기도하며 마음을 달래야 한다. 당대 최고의 시인으로 이름을 날렸던 예브게니 꾸르다꼬브의 시에 이런 슬픔이 역설적으로 잘 나타나 있다.

걸려 넘어지고 사라지는 건 이미 재앙이 아니지
네가 사라지더라도 고국에서 영면하지 않겠느냐
장송곡도 고국의 존재가 불러주고, 네가 떠나더라도
그 존재는 마지막까지 너와 함께 했구나.

— 예브게니 꾸르다꼬브의 시
「누군가의 자비로움과 우연에 대한」 중에서 —

그래도 그들에게는 역사에 길이 남을 모국어가 있다. 그들의 모국어인 러시아어는 현재 자신들이 살고 있는 초원의 원주민언어보다 훨씬 장구한 세월을 견딜 것이다. 그런 의미에서 그들은 결코 불행하다 할 수 없으며 비록 타향살이의 현실이 서글프다 할지라도 다른 소수민족들이 겪는 아픔의 끝에까지는 그 언제고 도달하지 못할 것이다. 하지만 현실이 서글픈 것은 어찌할 수 없다. 발레리 미하일로브 시인의 다음과 같은 고백에는 타향살이의 애수와 모국어인 러시아어에 대한 무한한 믿음이 잘 표현되어 있다.

나는 땅의 대답을 찾아냈다,
허나 그 어느 땅에도 정들지 못했다.
나의 고향은 러시아 말,
내 본향은 바로 러시아어다.

운명은 내게 타향을 주었지만,
고맙게도 그걸 한탄할 처지는 아니지.

고향의 애수를 끊을 순 없고,
오직 내 마음만 바칠 수 있구나.

끼떼즈처럼, 넌 고향에서 스러지리라,
노래처럼 하늘로 떠나가리라.
넌 러시아말을 속이지 못 하리,
그 말과 함께 사라져라 주님 가르치시니

　　– 발레리 미하일로브의 시 「나는 땅의 대답을 찾아냈다」 전문 –

3) 메아리로만 남을 최후의 모히칸족의 메시지
– 초월과 비상의 날개를 다는 소수민족

　고려인이나 독일인 등 카자흐스탄의 소수민족들은 예나 지금이나 지상에서 안심하고 거주할 집을 지어본 적이 없다. 이들은 제2차 세계대전을 전후로 카자흐스탄으로 집단강제이주를 당했고 그 이후 오랫동안 '적성민족'이라는 불경한 호칭을 받으면서 온갖 법적·사회적 차별을 받아왔다. 이들이야말로 진짜 이방인이요 유목민이다.

　물론 소비에트 정권이 국제주의를 표방하였고, 1950년대 후반 들어 이들 민족의 이마에 새겨져있던 '적성민족'이라는 주홍 글씨가 지워지면서 이들은 한때 봄날을 맞이하기도 했다. 이들은 소비에트 지붕 한 켠에 조심스럽게 자신들의 보금자리를 덧대기 시작했다. 그리고 그런 시도는 어느 정도 성공한 듯이 보였다. 이들은 소비에트 집에 들어가 사는 것이 점차 편안하고 익숙해짐을 느꼈다. 더욱이 고려인과 독일인 등 일찍 개화된 일부 소수민족들은 생존을 위해 소비에트 건물의 주재료가 되는 러시아어를 초원의 원주민들보다 더 빨리 습득하는 열성을 보였다. 덕분에 그들은 원주민보다 더 먼저, 더 자주 문명화된 집에 입성하는 행운을 누렸다.

헌데 피라미드처럼 견고하리라고만 믿었던 소비에트 집의 거대한 지붕이 어느 날 단 한 번의 폭풍에 날아가 버린 것이다. 행복은 그렇게 짧게 끝났다. 그들은 다시 변방인, 이방인이 되어 온갖 비바람을 맞이하게 되었다. 개화된 소비에트 집에 들어가 살고픈 바람을 이루기 위해 조상들이 물려준 모국어와 모국문화를 고의적으로 외면하고 러시아어와 소비에트문화를 힘써 배우고 익혀왔는데 그런 수고와 노력이 한순간에 물거품이 되어버리는 상황을 맞이하였다.

다시 방랑이 시작되었다. 조상들이 물려준 재료로 집을 지을 수 있는 자비로운 땅은 어디서도 얼굴을 내밀지 않았다. 설령 그럴만한 집터를 찾는다 해도 그들이 손에 쥐고 있는 연장이 다 낡아빠진 데다 그걸 사용하는 방법도 잊어버려 주춧돌을 놓기가 결코 쉽지 않다는 것을 그들은 잘 알고 있다. 소비에트 시대를 살아오면서 조상들이 전수해준 귀중한 유산을 '적응'이라는 이름으로 의도적으로 방치해버린 결과가 어떠한 것인지를 그들은 뼈저리게 느끼고 있다. 소비에트 공민에서 카자흐스탄 국민으로 신분이 바뀐 지금 소수민족, 소수집단의 실존적 상황은 별로 변한 게 없다.

그들은 카자흐스탄 러시아인들이 지난 20여 년간 처음으로 느끼고 공감해오는 소외와 비주류의 아픔을 태어나면서부터 겪고 체험해왔다. 그런 경험은 그들에게 유전적 각인처럼 트라우마로 남아 있다. 그들은 이 세상 어디에도 쉽게 발을 붙일 수 없음을 잘 알고 있다. 아무래도 그들이 지어야 할 집은 지상에 있지 않고 하늘에 있는 것 같다. 초월과 비상이라는 상상의 길 외에 다른 길은 열려져있지 않으니까. 그들은 아직은 지상에 발을 붙이고 있지만 머지않아 날개를 달고 다른 세계로 날아갈 것이다.

저녁노을시간, 하늘이 어두워지고

바람이 불어와 갈대들이 서걱이네.
온종일 날고 날아 늦도록
두루미 떼 하늘로 날아가네.
오랜 작별의 눈길에
그들은 부드러운 날갯짓으로 응답하네.
나 여기 남으련다, 잘 가거라
이에 두루미 떼 죄지은 듯 울면서
수평선 넘어 영원히 떠나가네…

　　　－ 이 스따니슬라브의 시 「저녁노을시간, 하늘이 어두워지고」 전문 －

　이는 그들의 물리적 현존재가 서너 세대 후면 지상의 무대에서 아주 사라져버리고 단지 그들이 존재했었다는 역사적 사실과 그때 그들이 불렀던 노래나 메시지 등 무형의 유산만이 후세에 남아 그들의 서사적 삶을 증언해줄 가능성이 크다는 것을 뜻한다. 고려인이나 독일인 등 소수민족들은 인구수, 분산거주정도, 타민족과의 혼인율 등으로 보아 앞으로 서너 세대만 지나면 인종학적 민족지도에서 아주 사라져버릴 개연성이 크다.

　몇 세내 후면 카자흐스탄에서 고려인과 독일인 등 소수민족의 실체는 동굴 속의 메아리로만 존재할 것이다. 이들은 지금 후손들이 끊겨가고 있는 절망스런 현실에서 최후의 모히칸족처럼 평화와 지혜의 메시지를 내보내고 있다. 이들은 얼마 후면 과거 미주대륙에서 사라져간 인디언들처럼 아무런 실체나 결도 없는 느낌, 의미, 지혜의 목소리로만 남아 한때나마 이 초원에서 육체를 입고 역사적 삶을 이어갔었다는 꿈결 같은 사실을 들릴 듯 말 듯 한 메아리로 확인해줄 것이다.

　"너는 러시아 사람이다"

나를 아는 독일 사람들이 확신하며 말한다.
"아냐, 너는 독일 사람이야"
내가 아는 러시아 사람들이 나를 설득한다.
"나는 그 누구도 아니다"
나는 늘 이렇게 말한다.
헌데 거대한 동굴의 천정 아래서
박쥐들의 메아리가
놀라워하며 묻는다,
"넌 누구냐?… 누구냐?… 누구냐?…"

– 알렉산드르 슈미트의 시 「동굴」 전문 –

3. 구체제가 남긴 유산 – 러시아어와 러시아문학의 오늘과 내일

러시아어는 제정러시아와 소비에트 정권이 카자흐스탄에 남긴 가장 위대한 유산 중 하나다. 이 유산은 모스크바의 영향력에 힘입어 카자흐스탄에서 모든 문화의 근간을 뒤흔들어놓았다. 압도적 힘을 가진 세계어 앞에서 카자흐어는 급속도로 소멸의 길을 걸었고 다른 소수민족 언어는 더 말할 필요조차 없었다.

이는 제정 러시아와 소비에트 주권이 카자흐스탄 초원에 자국어를 강요한 결과에서 기인한 측면도 있지만 다른 한편으로는 러시아어의 격조 높은 표현력과 그 언어가 세계문학사에 보여준 기념비적인 업적 등이 다른 민족들에게 자발적으로 러시아어의 매력에 흠뻑 빠져들게 만든 측면도 적지 않다. 한번 러시아어의 마력에 빠진 지식인들은 그 풍부하고 섬세한 언어의 바다에서 결코 헤어 나올 생각을 하지 않았다. 소비에트 지붕이 무너지기 전까지는 누구나 의심의 여지없이 러시아어가 영원하리라 믿었다. 소련 붕괴 이후에도 카자흐스탄에서 러시아어의 지위는 탄탄대로를 걸었다.

헌데 한 번의 천재지변이 사회를 갈아엎고 난 뒤에는 모든 것이 변한다. 그동안 중앙아시아 국가들 중에서 가장 관대한 언어정책을 펴온 카자흐스탄에서도 바야흐로 국가독립 스무 해를 눈앞에 두고 카자흐어 사용 율을 획기적으로 높이려는 정책을 강력히 전개하고 있다. 하여 지난 20여 년 간 공용어로서 굳건한 위치를 흔들림 없이 인정받아온 러시아어의 지위가 불안해지고 있다. 당연히 카자흐스탄 러시아문학의 지위도 조금씩 흔들리고 있으며 위축과 후퇴의 기미가 감지되고 있다.

지금 러시아어로 문학작품을 쓰는 카자흐인 문인과 소수민족 작가들은 진정한 의미에서 마지막을 장식하는, 정점을 지나 쇠퇴기에 접어든 러시아어 문인세대라고 할 수 있다. 그들의 뒤를 잇는 젊은 문인들이 있긴 하지만 이들의 양적 질적 수준이 동반 하락하고 있어 지금처럼 영향력 있는 러시아어 문단을 형성하기는 그리 쉽지 않을 것이다. 이른 판단이긴 하지만 장차 카자흐스탄 러시아문학은 순수 러시아인 중심으로만 이루어질 가능성이 크다.

유목민의 국가 카자흐스탄에서 원주민이 모국어가 아닌 다른 언어로 작품 활동을 하는 것은 분명 예외적이고 기형적인 현상이나. 다른 소수민족들도 그렇지만 특히 카자흐인에게는 이것이 모욕이자 수치이기도 하다. 카자흐인 시인들은 그런 모순과 부조리를 누구보다도 잘 알고 있다. 모국어가 아닌 빌려온 언어로 자기의 뿌리를 찾아가는 아이러니에 스스로 당혹해하고 있다. 잘못된 역사가 빚어낸 슬픈 현주소다.

하지만 어찌 하랴, 그들은 당시 초원 최고의 인텔리로서 장차 러시아어가 의심의 여지없이 모국어를 대체할 것이라 믿고 조국과 민족을 위해 수고하며 남들보다 먼저 그 언어를 습득하고 그 수고의 결과를 애써 초원에 베풀어왔는데… 아마도 다음 세대 문인들은 대부분 모국어로만 자신의 뿌리를 찾아 나설 것이다.

반면 지금의 카자흐인 러시아어 시인들은 중아아시아 초원지역에 고립되어 있는 카자흐어가 아닌, 러시아어라는 세계어를 통해서 비로소 거대한 문학의 바다에 들어갈 수 있었다. 또한 러시아어는 카자흐인들에게 근대적 사고와 합리적 이성과 보편성의 문학을 인지시켜 주었다. 그런 언어가 초원에서 사라진다면 이는 커다란 인문학적 손실이 아닐 수 없다. 지금 러시아어로 작품 활동을 하는 카자흐인 작가들은 이런 점을 너무나도 잘 알고 있다. 그러기에 그들은 러시아어의 힘이 쇠락해져가는 것을 쉽게 용납하지 못한다. 러시아 문학의 바다에 뛰어들 후손들이 끊어지지 않는다면 더 할 나위 없이 좋겠지만 만일 그런 바람이 이루어지지 않는다면 그들은 자신들에게 남아있는 마지막 정열을 불사르고야 말 것이다.

4. 디아스포라시인의 길

시인은 자유를 추구하면서 늘 '기억'과 '양심' 사이에서 배회한다. 그들은 더 깊은 세계로 침잠하거나 더 높은 우주로 비상하기 위해 자신을 감싼 외부세계와 새로운 친족관계를 맺거나 단절하기도 하지만 거기에도 항상 예외 없이 '기억'과 '양심'의 문제가 가로놓여 있다.

기억이 현재까지 축적된 관계의 결과물로서 과거에 속해있다면 양심은 그러한 결과물을 바탕으로 새로운 관계를 이끌어내는 결단으로서 미래에 속해있다. 과거에 축적된 경험의 결과는 미래를 영감으로 고양시키기도 하고 족쇄처럼 옥죄어 미래 자체를 질식시키는 비극의 씨앗이 되기도 한다. 중앙아시아 카자흐스탄 시인들에게 남아있는 소비에트시대에 대한 기억도 바람을 일으켜 양심을 향해 불어오고 있다. 기억의 바람은 디아스포라시인의 양심을 예리하게 건드리고 있다.

하지만 과거가 미래의 전부를 결정짓지는 않는다. 이미 완성된 사실을 변경할 수 없는 과거와는 달리 미래는 미지의 영역에 속해 있고 또 그곳은 시인의 의지와 결단에 따라 얼마든지 다르게 전개되는 열린 공간이기 때문이다. 과거는 미래를 형성하는 무수한 인자들 중 하나일 뿐 그 이상도 이하도 아니다. 초원의 시인들은 온갖 불행한 소비에트시대에 대한 기억의 속박에도 불구하고 새롭게 결단하려는 양심을 언제든지 해방시킬 수 있을 것이다.

그럼 양심의 해방은 어떻게 이루어지는 것일까? 그건 바로 삶의 관점을 전환함으로써 이루어진다. 이는 과거를 미래로 살고 미래를 과거로 삶으로써, 다시 말하면 과거로 넘어가버린 체험을 가장 먼 미래인 죽음의 순간까지 끌어올리고 죽음의 순간의 삶을 상상 속에서 미리 과거로 살아버림으로써 가능하다. 그러면 누구나 저 미로 같고 수수께끼 같은 시산의 명료한 통일성을 깨달아 제한된 인지능력에서 기인한 분노의 기억이나 의견의 불일치에서 생겨나는 현상학적 오류를 넘어 자신과 자기 주위를 감싼 존재들을 위한 진실하고도 바람직한 상호관계를 발전시켜나갈 수 있다. 이는 삶의 관점과 태도와 방식을 완전히 새롭게 정립시켜줄 것이다.

자유로운 나리새밖에 없는,
하느님도 잊어버리신 저 초원의 시골길을
나는 아무런 생각도 없이 돌아다니네,
맨발로, 부드러운 먼지의 속삭임을 들으며

가벼운 바람 따라 나리새에 들어붙네,
고깔꽃차례들이. 먼 곳에도 마을 하나 없어라.
이 땅의 허황된 소문이 다 내게 무엇인가!
아, 금빛 나는 먼지는 얼마나 따스한가!

하느님이 잊으신 이 땅에 대한
가장 위대한 부드러움이란
아마도 벌판에 적갈색의 말을 놓아주듯
한 시간쯤 맨발로 먼지 위를 걷는 것이 아닐까

아, 구름이 몰려오기 전까지는
먼지는 부드럽고 햇빛은 따스하여라,
나는 계속 그렇게 걸었으리라, 있지도 않은
인생의 의미에 대해서 아주 잊어버리고.

　　　－ 발레리 미하일로브의 시「자유로운 나리새밖에 없는」전문 －

　이러한 삶의 방식은 이미 완성되어 불변하다고 여겨지는 과거까지도 변화시킨다. 디아스포라시인들은 자기가 소속된 민족에 관계없이 과거에 소비에트 정권과 맺은 사연 많고 탈도 많았던 부정적 관계도 전혀 다른 차원으로 변화시켜나갈 수 있다. 기억의 내용과 범위를 한계 너머로 확장시키면 새로운 과거들이 태어나기 때문이다.
　두말할 것 없이 인지가능한 개인의 과거는 기억으로 구성되어 있다. 하지만 우리는 자신만의 독특한 성향에 따라 자기에게 이끌리거나 실현가능한 체험들만 선별하여 기억을 구성한다. 게다가 특수한 시대적·사회적 상황은 기억의 내용과 범위를 더욱더 제한한다. 또한 개인의 체험 속에 녹아든 기억도 새로운 사건에 부딪칠 때마다 수없이 왜곡되며 끊임없이 재구성된다. 그러므로 일반적으로 우리가 알고 있는 과거란 실은 개인의 성향과 시대정신의 프리즘에 걸러진 불완전한 기억의 파편들일 뿐이다. 즉 과거는 잘해봐야 반쪽짜리 인형이거나 절반만 지어진 집과 같다.

다행히 버려지거나 선택받지 못한 기억은 아주 사라지지 않고 의식의 수면 아래 숨어 있다가 필요한 시기에 활성화되어 불완전한 과거를 복원하는 데 쓰인다. 이들은 시야를 벗어난 모퉁이 길에서 백설공주처럼 잠들어 있지만 어느 순간 차원 높은 의식의 파장을 가진 빛이 비춰오면 경이로운 모습으로 깨어난다. 그리고 과거를 완전히 다른 색조로 물들여놓고 현재를 향해 말을 걸며 헤엄쳐온다. 나아가 미래까지도 전혀 다른 가능성으로 흔들어놓는다. 이들은 그동안 지각자가 무지로 인해 볼 수 없었던 접힌 질서의 가치들이자 이제라도 기쁨으로 복원하고 갚아야 할 역사의 부채들이다.

현대 카자흐스탄 디아스포라시인들에게 소비에트 시절은 이렇게 새로운 이면을 내보이며 과거에서 현재로 하나의 부채가 되어, 불완전을 채우기 위한 가능성의 재료가 되어 헤엄쳐온다. 긍정적이든 부정적이든 현재를 향해 헤엄쳐오는 가능성의 재료들은, 시인들이 거기에 전인격적으로 반응해야 한다는 의미에서, 모두 부채가 된다. 디아스포라시인은 늘 찰나의 넋으로 떠돌지만 바로 그 짧은 주기에 깃든 절박감 때문에 청산하고 복원해야 할 역사적 부채를 누구보다도 먼저 깨달아왔다. 또한 그들은 자민족 디아스포라에 대한 도의적 의무와 책임이라는 부채에서도 결코 자유롭지 못하다. 그건 시인이라는 고상한 이름에 지워진 아름다운 형벌이다.

부채는 어떤 형식으로든 청산되어야 한다. 청산되지 않는 부채는 개인이나 사회를 와해시키는 비극의 씨앗이 되고 말 것이기 때문이다. 그럼 부채를 청산하는 길은 무엇일까? 그건 바로 자기에게 밀려오는 온갖 역사적, 개인사적 물음에 책임 있게 응답하는 것이다.

이는 자기 자신 및 자기를 감싼 외부세계와 새로운 친족관계를 형성하는 일이며 이는 또한 바람직하고 가치 있는 미래를 창조하는 행위이기도 하다. 현대 카자흐스탄 디아스포라 시인들은 과거에서 현재를 향해 헤엄쳐오는 수많은 부채들이 서로 만나 부딪치고 겹치고 엇갈리고 비껴나가는 현장의 사선에서 그걸 정의롭고도 슬기롭게 청산해야 할, 그래서 새로운 친족관계를 만들어내야 할 뜻 깊은 여정 속에 들어와 있다. 그리고 청산의 과정은 영원히 끝나지 않을 것이다. 그것은 출구는 연이어 열리되 입구는 차례차례 닫히는 문처럼 현재에서 미래를 향해서만 무한히 열려나갈 뿐이다.

디아스포라시인은 또한 진실을 찾아 방랑하는 본질에 있어서 언제나 유목민이다. 더욱이 카자흐스탄은 대표적인 유목국가자 각기 다른 사연을 갖고 이주해온 디아스포라들의 사연으로 넘쳐나는 나라다. 유일하게 디아스포라가 아닌 원주민인 카자흐인마저도 불과 스무 해 전까지는 사실상 디아스포라나 다름없는 삶을 살았다. 그렇게 방랑하는 본질로 살아가는 시인 디아스포라는 본향의 지리적·문화적 외연을 한없이 넓혀주는 존재로 정체성의 핵심을 구성한다. 그들은 경계를 넘어 확장되는 본향의 고유성을 기꺼이 충전하고 발전시켜두는 저장소로 존재한다. 그리하여 어느 날 본향의 창조성이 애초의 형태를 잃어버리고 혼돈의 안개에 휘둘리는 때가 오면 그들은 그동안 간직해둔 창조성의 원형과 형식을 본래의 자리로 온전히 되돌려줄 것이다.

허나 그들은 자신의 뿌리로 숨 쉬지 못하고 원천에서 흘러들어오는 의미와 사념의 자양분으로 사는 까닭에 늘 바람에 휘둘리며 쉽게 경계를 넘어가버리기도 한다. 비록 자신들에게 흘러들어온 원천의 고유성을 새로운 코드로 변환시켜 경계 너머로 넘겨주고 또 그 너머에 있는 새로움을 되받아 원천으로 건네줌으로써 본향과 그들

이 거주하는 지역의 문화적 볼륨을 더없이 풍요롭게 만들어주기는
하지만… 그들에게 삶이란 진실로 바람 같고 구름 같고 이슬 같은
것이다. 그래서 그들은 아무런 대가도, 어떤 기대도 없이 그날그날
숨 쉬는 삶에서 지고의 행복을 찾아내고자 애쓴다.

> 물결과 바람이 끝없는 강가, 그곳은 나의 영원한 기슭이어라!
> 이 세상에서 행복에 필요한 것이 얼마나 작은 것인가!
>
> 이 세상에서, 이 하늘 아래서, 이 들녘에서
> 길 잃은 자 용서하고 권력자 이겨내고 넘어진 이 일으켜주자!
>
> 헐벗은 자 입히고 맨발에 신 신기고 목마른 사람 물주고
> 탐욕자의 욕심은 채워주고 죽은 이 바래주며 조용히 일러주자.
>
> 물결과 바람이 끝없는 강가, 그곳은 나의 영원한 기슭이어라!
> 이 세상에서 행복에 필요한 것이 얼마나 작은 것인가?
> ─ 예브게니 꾸르다꼬브의 시 「물결과 바람이 끝없는 강가」 전문 ─

 시인은 언제 어디서나 어떤 상황에시든 행복을 찾아내는 존재다.
그들은 아무리 작은 것에서라도 고귀한 생명이 깃들인 우주와 지고
의 기쁨을 찾아낸다. 더욱이 늘 방랑과 소멸의 불안이라는 존재양
식에 거하는 디아스포라 시인에게는 누리고픈 행복의 절실함 때문
에 가장 작은 행복도 본향인보다 더 자주 더 큰 기쁨이 될 것이다.

역자소개

    옮긴이 김병학은 1965년 전남 신안에서 태어났다. 1992년에 전남대학교를 졸업하고 그 해에 카자흐스탄으로 건너가 우스또베 광주한글학교교사, 알마틔대학교 한국어과 강사, 재소고려인신문 「고려일보」 기자를 역임하였다. 현재 카자흐스탄 알마틔시에서 「카자흐스탄 한국문화센터」 소장으로 재직하고 있으며 카자흐스탄의 문학과 고려인의 문화예술을 발굴·연구·소개하는 일을 하고 있다. 펴낸 책으로는 시집 『천산에 올라』, 재소고려인구전가요를 집대성한 『재소고려인의 노래를 찾아서 I·II』, 에세이집 『카자흐스탄의 고려인들 사이에서』 등이 있으며 역서로는 고려인 시인 이 스따니슬라브의 시집 『모쁘르 마을에 대한 추억』, 카자흐스탄 국민시인 아바이 시선집 『황금천막에서 부르는 노래』 등이 있다.
 • 이메일 bhkim7714@hanmail.net

카자흐스탄 현대9인 시선집

초원의 페이지를 넘기며
ПЕРЕЛИСТЫВАЯ СТЕПНЫЕ СТРАНИЦЫ

1판 1쇄 인쇄 2010년 12월 13일
1판 1쇄 발행 2010년 12월 23일
1판 2쇄 발행 2011년 12월 23일

지은이 | 올자스 술레이메노브 외 8인
옮긴이 | 김 병 학
펴낸이 | 김 미 화
펴낸곳 | **인 터 북 스**

주　　소 | 서울시 은평구 대조동 221-4 우편번호 122-844
전　　화 | (02)356-9903
팩　　스 | (02)386-8308
전자우편 | interbooks@chol.com
등록번호 | 제311-2008-000040호

ISBN 978-89-94138-15-2　　94810
　　　978-89-94138-09-1 (세트)

값 : 19,000원

※ 파본은 교환해 드립니다.